新型职业农民示范培训教材

新农村建设规划

边会军　主编

中国农业出版社

内容简介

　　本示范培训教材立足于社会主义新农村建设，结合农村发展过程中新农村建设出现的新情况、新问题，吸取国内外先进村镇规划建设经验，总结近年来我国新农村建设成果基础上编写而成。本教材针对新型职业农民，以劳动就业和社会需求为目标，体现新农村建设规划的核心知识与技能。突出实用性，强调实践性，解决新农村建设中容易出现的问题。使村庄实现生产发展——新农村建设的物质基础、生活宽裕——新农村建设的核心目标、乡风文明——提高农民整体素质、村容整洁——改善农民生存状态、管理民主——健全村民自治制度的建设目标。

　　本培训教材由六个单元构成，分别是新农村建设概述、新农村建设规划和管理、产业发展规划、村庄总体布局规划和整治规划、基础设施建设规划、社会事业设施规划。详细介绍了新农村建设规划的相关政策和要求，具体分析和阐述了总体布局规划与各专项规划的关系和具体内容。

中国农业出版社

新型职业农民示范培训教材

编 审 委 员 会

主 任 魏 民 陈明昌

副主任 康宝林 薛志省

委 员 巩天奎 樊怀林 孙俊德 吕东来 张兴民

武济顺 孙德武 张 明 张建新 陶英俊

张志强 贺 雄 马 骏 高春宝 刘 健

程 升 王与蜀 夏双秀 马根全 吴 洪

李晋萍 布建中 薄润香 张万生

总主编 张 明

总审稿 吴 洪 薄润香

本 册 编 审 人 员

主 编 边会军

编 者 边会军 王秋林

审 稿 王瑞雪

出 版 说 明

发展现代农业，已成为农业增效、农村发展和农民增收的关键。提高广大农民的整体素质，培养造就新一代有文化、懂技术、会经营的新型职业农民刻不容缓。没有新农民，就没有新农村；没有农民素质的现代化，就没有农业和农村的现代化。因此，编写一套融合现代农业技术和社会主义新农村建设的新型职业农民示范培训教材迫在眉睫，意义重大。

为配合《农业部办公厅　财政部办公厅关于做好新型职业农民培育工作的通知》，按照"科教兴农、人才强农、新型职业农民固农"的战略要求，以造就高素质新型农业经营主体为目标，以服务现代农业产业发展和促进农业从业者职业化为导向，着力培养一大批有文化、懂技术、会经营的新型职业农民，为农业现代化提供强有力的人才保障和智力支撑，中国农业出版社组织了一批一线专家、教授和科技工作者编写了"新型职业农民示范培训教材"丛书，作为广大新型职业农民的示范培训教材，为农民朋友提供科学、先进、实用、简易的致富新技术。

本系列教材共有 29 个分册，分两个体系，即现代农业技术体系和社会主义新农村建设体系。在编写中充分体现现代教育培训"五个对接"的理念，主要采用"单元归类、项目引领、任务驱动"的结构模式，设定"学习目标、知识准备、任务实施、能力转化"等环节，由浅入深，循序渐进，直观易懂，科学实用，可操作性强。

我们相信，本系列培训教材的出版发行，能为新型职业农民培养及现代农业技术的推广与应用积累一些可供借鉴的经验。

因编写时间仓促，不足或错漏在所难免，恳请读者批评指正，以资修订，我们将不胜感激。

2017-06-20

目　录

单元一 新农村建设概述

【教学目标】

- 知识目标
1. 明确社会主义新农村的内涵；
2. 明确新农村建设的具体措施。
- 能力目标
1. 能够正确理解新农村建设的要求；
2. 能够正确把握解决当前新农村建设问题的措施。
- 情感目标
1. 通过学习，调动学生学习的主动性；
2. 培养按照政策，规范建设的意识。

项目一 新农村建设概述

新中国成立以来，尤其是改革开放以来，党和国家十分重视"三农"问题，先后出台了一系列强农惠农政策，我国的农村发生了深刻的变化，农村经济社会发展取得了巨大成就。

一、新农村建设的要求和进展

（一）社会主义新农村建设的政策要求

从"十一五"规划实施以来，我国农村建设进入了迅速发展的关键时期，新农村规划建设如火如荼地进行着。同时，党和国家连续出台了一系列强农惠农政策，正确引导我国的新农村建设，农村经济社会发展取得了令世人瞩目的成绩。图 1-1 展现了农村的巨大变化。

（1）2005 年 10 月，中共中央十六届五中全会通过的《中共中央关于制定

旧村　　　　　　　　　　　　　　　　　　新村

图 1-1　旧村与新村对照图

国民经济和社会发展第十一个五年计划的建议》中明确提出："建设社会主义新农村是我国现代化进程中的重大历史任务。"

（2）2006 年，中央 1 号文件《中共中央 国务院关于推进社会主义新农村建设的若干意见》对社会主义新农村建设作出了全面深刻系统的阐述。社会主义新农村建设正式成为党和国家的重要目标之一。

（3）2007 年，中央 1 号文件将发展现代农业作为社会主义新农村建设的首要任务。

（4）2008 年，中央 1 号文件提出要走中国特色农业现代化道路，建立以工促农、以城带乡长效机制，形成城乡经济社会发展一体化新格局；党的十七届三中全会通过了《中共中央关于推进农村改革发展若干重大问题的决定》，提出新形势下推进农村改革发展，要把建设社会主义新农村作为战略任务。

（5）2009 年，中央 1 号文件指出："确保主要农产品有效供给，持续增加农民收入。"

（6）2010 年 10 月，党的十七届五中全会提出："推进农业现代化，加快社会主义新农村建设。""统筹城乡发展，坚持工业反哺农业、城市支持农村和多予少取放活方针，加大强农惠农力度，夯实农业农村发展基础，提高农业现代化水平和农民生活水平，建设农民幸福生活的美好家园。"

（7）2011 年，农业农村工作的总体要求是：大兴水利强基础，狠抓生产保供给，力促增收惠民生，着眼统筹添活力。

（8）2012 年，中央 1 号文件《关于加快推进农业科技创新 持续增强农产品供给保障能力的若干意见》指出："实现农业持续稳定发展、长期确保农产品有效供给，根本出路在科技""农业科技是确保国家粮食安全的基础支撑，是突破资源环境约束的必然选择，是加快现代农业建设的决定力量，具有显著的公共性、基础性、社会性。"

（9）2013年，中央1号文件《关于加快发展现代农业　进一步增强农村发展活力的若干意见》提出："加大农村改革力度，着力构建集约化、专业化、组织化、社会化相结合的新型农业经营体系，培育和壮大新型农业生产经营组织，充分激发农村生产要素潜能。"

（二）社会主义新农村建设的形势要求

1. 是由我国社会主义初级阶段的国情决定的

我国现阶段生产力水平低，农业科技水平、农业劳动生产率水平与发达国家比较，存在较大差距。

2. 是扩大内需、发展经济的有效途径

目前，中国最应启动内需的地方就是农村，而"社会主义新农村"建设能创造需求，有效推动经济的快速发展。

3. 是缩小城乡差距、实现共同富裕的重要举措

4. 是全面建设小康社会、构建社会主义和谐社会的必然要求

没有农村的小康，就没有全面的小康；没有农民的小康，就不可能有全国人民的小康。实现全面建设小康目标的难点和关键在农村，建设新农村是实现城乡经济社会协调发展的重大举措。

5. 有利于社会的稳定，有利于改革发展的大局

新农村建设是全面建设小康社会的要求，有利于构建和谐社会，是解决"三农"问题的需要，是缩小城乡差距、增加农民收入、繁荣农村经济的根本途径。

6. 体现了中国共产党全心全意为人民服务的宗旨和"三个代表"重要思想

（三）社会主义新农村建设的目标要求

社会主义新农村建设的目标要求明确而全面，"十一五"规划用"生产发展、生活宽裕、乡风文明、村容整洁、管理民主"这20个字描绘出了一幅新农村的美好蓝图。这20个字包含的内容涉及农村政治、经济、文化、社会管理等方方面面。因此，必须对推进新农村建设有较为深入的认识，它不是以拆旧建设、村容村貌为主的简单的村镇建设，而是包括农村产业发展、农民增收、文明程度提高、村组织加强等的农业农村深化改革和经济全面大发展。我

们一定要深刻理解和准确把握新农村建设的丰富内涵，确保新农村建设沿着正确轨道顺利推进。

1. 生产发展是新农村建设的首要任务，就是要打牢农村物质基础

只有生产发展，才能为建设新农村、提高广大农民的物质生活和文化生活水平，为农村各项事业的全面发展奠定坚实的物质基础。既要增长速度，又要质量和效益，否则，新农村建设就成了无源之水。

2. 生活宽裕是新农村建设的核心目标，就是要千方百计促进农民增收

建设社会主义新农村，就是为了提高农民的生活水平，不断加大扶持力度，让农民逐步享受到与城市居民差距不大的公共服务，这也是全面建设农村小康的着力点。

3. 乡风文明是新农村建设的关键环节，就是要培养较高素质的新型农民

不断提高农民的思想、文化、道德水平，丰富农村文化生活，形成崇尚文明、崇尚科学、健康向上的精神风貌。这是建设社会主义新农村的灵魂。

4. 村容整洁是新农村建设的重要内容，就是要科学合理地规划建设新农村

加强基础设施建设，从根本上治理农村脏乱差的状况。因地制宜地改善农村人居环境，创造良好的生态环境。这是建设新农村不可或缺的重要条件。

5. 管理民主是新农村建设的有力保障，就是要加强农村民主法制建设

在农村党组织的领导下，发展和扩大基层民主，健全和完善民主选举、民主决策、民主管理、民主监督等村民自治机制，切实保障农民合法权益，创造和谐发展环境。这是建设新农村的政治保证。

（四）目前我国新农村建设的进展

自从党和国家提出建设社会主义新农村以来，新农村建设在政治、经济、文化、社会、环境等方方面面已经取得实际效果，农业从传统走向现代，大多数农民正由温饱迈向小康，农村由二元分割步入城乡统筹。

1. 取消农业税

取消农业税减轻了农民负担，为农村的生产发展消除了制度性束缚，使农民真正从繁重的经济负担中彻底摆脱出来，调动了农民的生产积极性，提高了农业综合生产能力，为农村经济的快速发展开辟了广阔的道路。同时缓和了县乡基层政府与农民矛盾，改善了党群干群关系。

2. 加大农村投入

农村投入力度逐渐加大，农村公共设施建设步伐不断加快，农民生产生活条件正在不断改善（图 1-2）。农民最关注的路、电、水等问题，在这几年发生了非常明显的改观，尤其是电网建设、公路"乡乡通""村村通"工程不断推进，使农村电网覆盖区域和公路行政村通达率取得了突破性进展。

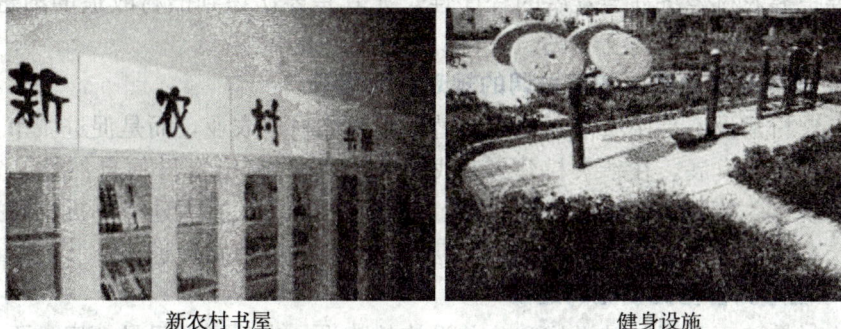

新农村书屋　　　　　　　　　　　　　健身设施

图 1-2　新农村建设的典型

3. 提高社会福利

以新型农村合作医疗为代表的农村社会保障体制逐渐完善，农民社会福利逐步提高，社会养老等公共服务改革已经拉开帷幕，最低生活保障制度等社会保障制度在逐渐推进，不仅使农民生活的质量得到了提高，避免了很多农民家庭因病致贫、因病返贫，而且增添了对未来美好生活的预期和信心。

4. 推进义务教育改革

农村义务教育新机制改革不断推进，对义务教育阶段的学生实行免交学杂费制度，农村孩子的教科书由政府免费提供，不仅缓解了农民子女的上学难问题，而且必将促进传统农民向现代新型农民、传统村庄向现代农村、传统农业向现代农业不断迈进。

5. 实行村民自治

村民自治的实践直接促进了农民权利意识的觉醒，以人为本的科学发展观与构建和谐社会的总目标使农民参政议政的愿望日益增强。农村文化生活有比较明显的改善，农民的精神状态和整体素质正在不断提高。

二、新农村建设的方法和原则

（一）新农村建设的方法

社会主义新农村是指在社会主义制度下，反映一定时期农村社会以经济发展为基础，以社会全面进步为标志的社会状态。社会主义新农村建设主要内容包括统筹城乡发展、发展现代农业、增加农民收入、培养新型农民、繁荣农村文化、改善人居环境、深化农村改革共七个方面。具体方法如下：

1. 建立长期性系统工程

要把握农村经济社会发展的程序性，尤其是要认识到旧村改造的渐进性。不能急于求成，而偏离了农民、农村、农业真正的需要。

2. 编制科学合理、统筹协调的规划作为指导

新农村建设不是用城市和工业代替或消灭农村、农业，而是促进城市和农村互补、协调发展。在新农村建设规划中，尤其要突出农村的自然性、空间性、传统性、休闲情趣性等基本功能，基本上做到不大拆大建（不拆房特别是不拆历史优秀建筑、不劈山、不填河塘、不刻意取直道路街道）。

3. 注重完善基础设施的建设

农村普遍不重视基础设施和公共设施的建设，出现了"只见新房，不见新村"的现象。因此，在社会主义新农村建设中要统筹安排各种基础设施和公共设施的建设，确保新农村的全面发展。

■ （二）新农村建设的原则

1. 坚持生产力第一的原则

农业和农村经济持续、健康、协调发展是社会主义新农村建设的动力之源。必须始终将发展农村生产力放在新农村建设的首位，以农民增收为着力点，切实提高农业综合生产能力，大力发展农村第二、第三产业，繁荣农村经济。只有发展富民产业，农民增收致富才有保障；只有农民富裕了，才有真正意义上的新农村。

2. 坚持规划先行的原则

新农村建设不能一哄而起，盲目推进，必须以规划引导发展，合理高效利用各类资源。当务之急是要搞好村镇建设规划和农村用地规划，加快农村中心村镇建设，改善农村公共基础设施条件和农民生产生活条件，促进农民向中心村镇迁移。

3. 坚持尊重农民意愿和依法推进的原则

新农村建设是一个长期的过程，各地发展水平不一，发展模式也不应"一刀切"，应该在尊重群众意愿的基础上，考虑各地的社会文化背景，按照循序渐进、分步实施的思路，建设体现民族风情和地域特色的新农村，逐步形成县城—县郊—集镇—中心村—自然村的梯度形式。要坚持依法推进，避免出现房屋推倒重来等行政强迫命令的做法。

【能力转化】

● 调查活动

1. 收集近 5 年的新农村建设相关政策，填入表 1-1 中。

表 1-1　党和国家新农村建设主要政策调查

时间	文件名称	主要内容	实施效果

2. 收集不同阶段的本村新农村建设的成效资料，填入表 1-2 中。

表 1-2　本村新农村建设成效调查

时间	建设项目名称	主要内容	实施效果

● 简答题

1. 在社会主义新农村建设进程中，我们应该怎么做？

2. 按照学生生源地县（区）、乡分组，收集家乡变化的资料，讨论并体会党和国家的新农村建设政策在当地的实施成效。

3. 目前，建设社会主义新农村还有一些不和谐的现象，请列举说明。你认为应该如何建设社会主义新农村？

项目二　当前新农村建设的难点和工作布局

一、新农村建设面临的困难和问题

虽然我国社会主义新农村建设取得了巨大的成就，农村发生了天翻地覆的

7

变化，农民的物质和精神都有了前所未有的进步。但是，当前农业和农村的困难和问题仍然十分明显，主要表现在：

(1) 各级财政投入有限，农民增收难度加大。

(2) 农业生产和农村生活基础设施薄弱。

(3) 农村生态环境问题突出。

(4) 农村民主政治环境比较差。

二、新农村建设的工作布局

(一) 新农村建设的着力点

农业部门在社会主义新农村建设中的工作着力点有：

1. 做好产业规划，重视和支持优质农产品生产基地建设

农业部门应充分根据各村镇不同的农业资源情况，帮助其明确农业主导产业，制定"一村一品""一县一品"的发展规划，大力开发和培育具有当地特色的农业经济。

2. 加快农业科技创新步伐

组织开展重大技术攻关，研究推广突破性的品种和高产高效栽培模式，提高农业生产的科技含量。深入做好农业科技入户工作，通过积极宣传、咨询服务、责任帮扶、挂钩指导等方式，推广符合当地实际的适用新技术，为各地农业经济发展奠定技术基础。

3. 大力推进农业机械化

围绕农业综合生产能力建设，加快机耕、机播、机收和产后干燥全程机械化进程，提高生产效率，减轻农民劳动强度，加速传统农业向现代农业转变。

4. 积极开展农民培训，提高农民综合素质和劳动技能

积极实施"跨世纪青年农民培训工程"，加强"农民书屋"等设施建设，提高农民科技文化素质。同时，大力实施"阳光工程"，加强农村劳动力转移培训，加快农村富余劳动力转移。

5. 积极发展农业产业经营，培育壮大农民合作经济组织

通过扶持龙头企业发展，鼓励龙头企业到优势产区建立原料基地，密切企业与农户的经济联系，增强企业带动农民增收的能力。大力推进农村合作经济组织建设，特别是要结合当地主导产业和特色产业，积极扶持和发展产业协会等新型经济组织，提高农业生产经营的组织化程度，增强合作经济组织的服务带动能力和抵御风险能力。

6. 推进农业生产标准化，提高农产品品质

逐步建立健全农业标准体系，加快农业标准化示范区建设，建立农产品全程质量监控体系，实行农产品分等分级管理，实现农产品优质优价。完善检测和管理手段，提高检测水平，保障农产品安全。

7. 加强动植物疫病虫害防治

在农业生产的产前、产中、产后等各个环节为广大农民提供有效技术指导、示范和培训，加强动植物疫病虫害防控能力建设，提高农业抵御灾害的能力。

8. 改善农村生产生活条件，加强生态环境建设

加大农业生产基础设施建设投入，切实提高农业综合生产能力。继续加大农村户用沼气建设力度，推广适合不同区域的沼气建设模式，改善农民生活条件。探索开发利用风、光、水等可再生能源和农村废弃物循环利用的有效途径，建设生态富民家园。

9. 改革征地制度，提高农民在土地增值收益中的分配比例

依法维护农民土地承包经营权、宅基地使用权、集体收益分配权，壮大集体经济实力，发展多种形式规模经营，构建集约化、专业化、组织化、社会化相结合的新型农业经营体系。

（二）新农村建设的具体举措

解决好农业、农村、农民问题是全党工作的重中之重，城乡发展一体化是解决"三农"问题的根本途径。当前推进新农村建设，必须坚持科学发展观，在经济发展中持续加强农业基础，在统筹城乡中加快农村经济社会发展，在保障和改善民生中继续增进农民福祉，全面推进农村经济、政治、文化、社会和生态建设。

1. 经济建设方面

坚持发展现代农业为新农村建设的首要任务，以加快科技进步和改革创新为根本动力，转变农业农村经济的发展方式。

2. 政治建设方面

加强基层党组织建设，坚持民主选举与民主决策和民主监督并重。推进以财务公开为核心的政务公开的基层民主进程。

3. 文化建设方面

继续实施农村实用人才培训工程，加快提高农民素质和创业能力，不断培养有文化、懂技术、会经营的新型农民，充分发挥他们在新农村建设中的主体作用。

4. 社会建设方面

坚持以科学合理的新农村建设规划为指导，统筹安排农村各项基础设施和公共设施的建设，保证农村社会事业的全面发展。

5. 生态建设方面

加强生态环境保护，发展生态农业，实施生态修复工程，防治农村工农业和生活污染。

▦ （三）新农村建设的重点

社会主义新农村建设应重点围绕新产业、新村镇、新农民、新组织、新福利、新风尚等方面展开。

1. 新产业——大力发展现代农业

当前，我国正处于传统农业向现代农业加速转变的时期。适应这一发展趋势，必须从加强农业基础设施建设、调整优化农业结构、加快农业科技进步、提高农业装备水平、推进农业标准化生产、发展农业产业化经营、加快农业市场化进程、拓展农业社会化服务等方面入手，提高农业综合生产能力，构建适应市场经济体制要求的新型农业产业体系。

2. 新村镇——改善村容村貌，营造良好的生产生活环境

扩大公共财政覆盖农村的范围，加强村庄环境整治，改善交通、街道、卫生、教育、医疗等公共基础设施，为农业发展、农村繁荣、农民富裕奠定物质基础。

3. 新农民——着力提高农民的科技文化素质

农民是新农村建设的主体，建设新农村必须重视培育新农民。要加强农民的教育和培训，使农民掌握现代农业科学技术，提高劳动技能，这不仅是提高农业科技水平的需要，更是转移农村富余劳动力的需要。

4. 新组织——探索和发展适应市场经济体制要求的新型生产关系

重点围绕提高农民组织化程度，积极培育和发展农民合作经济组织，引导农民在家庭承包经营的基础上，加强产前、产中、产后的联合，改善生产营销服务，延长农业产业链条，提高生产效率，抵御市场风险，增加经济效益。

5. 新福利——逐步改善和提高农民的社会福利水平

重点是建立新型农村合作医疗体系，完善和落实九年义务教育制度，建立和完善养老保险和最低生活保障制度，在总结经验的基础上扩大农业政策性保险，使农民逐步享受到与城市居民同等的国民待遇。

6. 新风尚——倡导文明健康的生活方式，提高农民的思想道德水平

应继续搞好文明村镇建设和群众性精神文明创建活动，加强对农民的社会主义、爱国主义教育，在广大农村开展移风易俗活动，使农民树立科学、文明、法治的新型生活观，培养有理想、有文化、有道德、有纪律的新型农民。

【能力转化】

● 调查活动

调查当地新农村建设的现状情况，填入表 1-3 中。

表 1-3　新农村建设现状调研

项　　目	规模或数量	满足村民需要情况	改进建议
道　　路			
学　　校			
卫 生 所			
文体活动			

● 简答题

1. 举例说明本村当前社会主义新农村建设的问题。

2. 简述你了解到的新农村建设的具体举措。

单元二　新农村建设规划和管理

【教学目标】

- **知识目标**
1. 明确影响农村建设发展的因素；
2. 明确新农村建设规划的内涵。

- **能力目标**
1. 能够正确认识新农村建设管理的重要性；
2. 能够正确按照农村建设用地管理规定使用土地。

- **情感目标**
1. 培养规划先行的意识；
2. 培养按照行业标准规范管理的意识。

项目一　新农村建设规划

> 新农村建设规划是在县域城镇体系规划指导下，为实现新农村的经济和社会发展目标，确定新农村性质、规模和发展方向，协调新农村布局和各项建设而制定的综合部署和具体安排。

一、农村建设规划的现状

由于长期受城乡二元社会结构的影响，重城轻乡，当前我国农村人居环境比较差，与城市相比有相当大的差距，农村建设规划存在以下问题：

（1）农民增收乏力，缺少规划或限制规划建设的开展，无序建设较普遍。

（2）基础设施和公共服务设施建设滞后。

（3）土地不规范流转和浪费现象严重。

（4）农村建筑更新快、质量差，浪费资金（图2-1）。

无序建设　　　　　　　　　　　　　　不规范施工

图2-1　农村建设现状

之所以存在上述问题，主要原因有：

（1）认识不足，规划滞后。各级政府普遍存在"重城轻乡"的现象，尤其是欠发达地区的基层政府更多注重城镇的规划建设。村委会和村民受传统文化和习惯影响，本身更缺乏对村镇建设规划重要性的认识，导致农村长期存在私搭乱建的现象。

（2）投入资金惠及面不广。资金问题是新农村建设的最大问题，目前最主要的渠道是通过政府各部门的投资，但这部分投资主要是农业项目资金，集中用于对种植、养殖、加工等产业的支持上，对于村镇建设规划的投入极少，且主要投入到一些示范村，惠及面不广。

（3）规划设计与管理人员缺乏。目前各级政府集中力量完成了县域新农村建设规划的编制，而多数县乡的村镇建设规划管理机构人员缺乏，技术水平差，再加上资金投入少，规划编制专业水平低。

二、新农村建设规划的内涵

1. 新农村建设规划内涵

新农村建设规划是在县域城镇体系规划指导下，为实现新农村的经济和社会发展目标，确定新农村性质、规模和发展方向，协调新农村布局和各项建设而制定的综合部署和具体安排。

新农村建设规划是新农村建设和管理的主要依据，要建设好新农村，首先必须有一个科学合理的新农村建设规划，并严格按照这个规划进行建设。

新农村规划应包括村庄产业发展规划、总体布局规划、基础设施建设规划、社会事业设施规划、民主政治文化建设规划等内容，还可编制生态保护规划、农田水利保护规划、耕地保护规划、现代农业综合发展规划等专项规划。

规划期限一般为 10 年，近期年限 3～5 年。

2. 新农村建设规划的指导思想

根据乡镇和村庄经济形势发展的要求，要从乡镇和村庄建设的全局出发，综合进行乡镇和村庄规划，统筹安排乡镇和村庄建设，逐步改善广大乡镇和村庄的生产和生活条件。要重点规划和建设好集镇，为农业现代化建设和新农村经济全面发展提供前进的基地，为农村剩余劳动力寻找就业的机会，避免农民大量流入城市，为逐步缩小工农差别、城乡差别和体力劳动与脑力劳动的差别积极创造条件。在这个基本思想的指导下，加强领导，充分调动亿万农民的社会主义建设积极性，走工农结合、城乡结合、统一规划、综合发展、依靠群众、勤俭建设的道路。根据自然条件、生产发展和富裕程度，因地制宜，量力而行，有步骤、有计划地把新农村规划建设好。

3. 新农村建设规划的任务

（1）合理确定村庄性质和规模。

（2）确定村庄在规划期内的经济和社会发展目标。

（3）统一规划和合理利用村庄土地。

（4）综合部署和统筹协调经济、文化、基础和公共设施等各项建设。

图 2-2 为新农村建设的典型图片。

规划图　　　　　　　　　　　　建设成果图

图 2-2　新农村建设的典型图片

三、新农村建设规划的原则

1. 有利生产，繁荣经济

引导从事第一产业的农村人口在村庄集中居住，鼓励农民从事第二、第三产业，推进城镇化进程。

2. 节约用地，保护耕地

村庄应充分利用非耕地进行建设，应紧凑布局村庄各项建设用地，集约建设。

3. 远近结合，循序渐进

正确处理近期建设和长远发展的关系，推进新农村建设，村庄建设规模、速度应同当地经济发展、人口增减相适应。

4. 保护环境，防治污染

村庄内要有净化环境的绿化用地和消除环境污染的设施用地，工副业建设项目必须和生活区保持合理距离，以提高农民的生活质量。

5. 尊重历史，体现特色

6. 合理选址，避开灾害

村庄建设用地选址应避开山洪、滑坡、泥石流、地震断裂带和河流溢洪区等自然灾害影响的地段，避开地下开采区。

宽马路　　　　　　　　　　　　　　　　　小公园

图 2-3　新农村建设规划图

7. 生态优先，节约资源

不砍树、不劈山，立足全面、协调、可持续的科学发展观，节约、集约利用土地资源和水资源等，加强新材料、新技术的推广应用，合理利用太阳能和沼气，力争以最小的资源消耗、环境代价换取最大的经济社会效益，为子孙后代的发展留有余地。

8. 布局紧凑，功能合理

在进行村庄规划时，既要满足实用要求，又互不干涉，功能明确；既要考虑建筑密度、道路宽度的要求，又尽量不扩大建设用地。

9. 基础设施配套，方便生活

规划中重在公共基础设施及公益事业上做出合理配套，满足村民生产、生活需要。

10. 以人为本，公众参与

不照搬本本，不主观武断，充分尊重村情民意，注重农村居住环境和生态环境的改善，按照有利于生产、方便生活的方针，广泛征求村民意见，让村民全程参与规划的编制工作。

四、新农村建设规划的工作内容

1. 资料收集

调查、收集和分析研究乡镇和村庄规划工作所必需的基础资料。

2. 拟订指标

确定乡镇和村庄性质和发展规模，拟订乡镇和村庄发展的各项技术经济指标。

3. 结构布局

合理选择乡镇和村庄各项建设用地，拟订规划布局结构。

4. 确定技术方案

确定乡镇和村庄基础设施的建设原则和实施的技术方案，对其环境、生态以及防灾等进行安排。

5. 利用旧区，建设新区

拟订旧区利用、改建的原则、步骤和方法，拟订新区发展的建设分期等。

6. 拟订方案

拟订乡镇和村庄建设布局的原则和设计方案。

7. 合理安排项目

安排乡镇和村庄各项近期建设项目，为各单项工程设计提供依据。

以上是乡镇和村庄规划工作的基本内容，对各类乡镇和村庄都是适用的。由于各乡镇和村庄在国民经济建设中的地位与作用、性质与规模、历史沿革、现状条件、自然条件、地方风俗各存差异，所以其规划任务、内容及侧重点也应有所区别。因此，在具体规划工作中，要从实际出发，根据各自的情况，确定规划工作的详细内容。

【能力转化】

● **调查活动**

1. 收集不同历史阶段的新农村建设规划资料，填入表 2-1 中。

表 2-1　新农村建设规划情况调查

时间	规划名称	主要内容	实施效果

2. 收集当前本村新农村建设规划相关内容，填入表 2-2 中。

表 2-2　新农村建设规划效果调查

项　　目	主要内容	实施效果	原因分析
总体布局规划			
基础设施规划			
公共事业规划			
产业发展规划			

● 简答题

1. 当地新农村建设规划的现状及问题有哪些？
2. 收集整理农村建设的资料，讨论并分析农村建设规划的有关问题。
3. 新农村建设规划的原则在当地规划中是如何体现的？

项目二　新农村建设管理

　　三分建设、七分管理，新农村建设成败的关键在于管理。新农村建设涉及乡镇住宅、公共建筑、生产建筑、公用基础设施，关系到新农村的工业、农业、商业、交通、科教、卫生、信息、环境等发展。也就是说，新农村建设不仅仅只是盖几间房屋、修几条路的简单工作，而是关系到改善群众的物质文化生活、繁荣乡镇经济的大事。新农村建设的质量优劣、水平高低，都与新农村规划建设管理工作有着紧密的关系。如果由于新农村建设管理工作不力和不负责任，对工作造成失误，不仅会影响当前建设，而且会贻误子孙后代，造成不可挽回的损失。

17

一、新农村建设管理的内容

（一）新农村建设管理的重点

新农村建设管理是村镇管理的一个重要组成部分，主要涉及与新农村建设有关的各种规划、建设、工程的管理。具体是指各级政府和城镇建设行政主管部门，为实现城镇规划和城镇建设目标，而对围绕新农村建设所进行的决策、规划、协调、监督和服务等的一项综合性活动。

1. 决策

正确选择和确定新农村建设的发展方向、发展目标、发展规划、建设规模等重大问题，保证新农村建设顺利进行。

2. 规划

有效地利用农村建设用地，合理组织村庄空间的功能布局和各种基础设施，落实新农村建设的具体目标。

3. 协调

组织和调整管理者和建设者以及各农户间的关系，使各项管理工作落到实处，顺利实现新农村建设目标。

4. 监督

根据相关法律法规，按照新农村建设规划，对各项新农村建设活动进行检查，保证新农村建设规划的实施。

5. 服务

为参与新农村建设的企业、单位、农民提供规划审批、施工审查等服务。

（二）新农村建设管理的原则

1. 依法管理的观念

依靠法律、规章管理小城镇的各项事业，克服"人治人"现象，使小城镇建设的管理逐步纳入依法管理的轨道。

2. 群众参与的观念

人民群众是小城镇的主人，只有依靠群众，才能激发人们内在的社会调节功能，才能保持小城镇生活的有序运行，也才能实施有效的监督。

3. 系统工程的观念

小城镇规模虽小，但也肝胆俱全。它交织着经济、社会、技术、环境等种种问题。从小城镇自身的管理来说，又涉及规划、设计、施工、房地产开发、村容村貌、环境卫生等各方面。每一个领域又有其不同的规范要求，既统一又矛盾，如何从总体上加以协调，就需要从全局出发，加以统筹。

新农村建设的成败关键在于管理，虽然我国社会主义新农村建设取得了巨大的成就，但是当前农村建设管理还存在诸多问题，不少乡村在规划和建设上舍得花、不惜财，但建成后又疏于管理，因而虽有科学的规划，但整体建设水平不高。新农村建设管理不到位，不仅会影响当前建设，而且还会贻误后代，造成的损失将无法挽回。

（三）新农村建设管理的具体范围

1. 坚持依法管理，寓管理于教育与服务中

应严格按照各项行政法规与技术规范以及与城镇建设相关的法规进行管理，做到有法必依，执法必严，违法必究。

寓管理于教育之中，提高新农村居民的现代意识。要通过管理，加强教育，帮助他们逐步摒弃小农经济的生产观念，逐步树立讲大局、讲文明、讲纪律、讲卫生的现代观念，以提高新农村居民的素质。

寓管理于服务之中，要从单纯的管理向全方位的服务发展，在市场经济中寻求自我发展的路子，在市场经济中寻求服务对象，集管理、经营、服务为一体，开展一条龙服务，逐步把新农村的管理工作通过管理、服务引向有序发展的轨道。

2. 充分依靠群众参与和监督

村镇建设涉及千家万户，村镇建设管理的好坏，直接关系到广大居民的切身利益和社会的稳定。因此，村镇建设管理者要走出政府大楼，面向公众，引导和发动群众，让大家了解国家有关村镇建设的法律法规、建设方针和重大规划部署，把贯彻执行好村镇建设方针和实施村镇规划变成广大群众的自觉行为，使广大群众主动配合城建部门，做好村镇建设管理工作。

3. 强化建设规划与工程管理

一切建设都要坚持按规划实施。规划管理稍有放松，必然导致乱占、乱建。对所有的工程都应当坚持按基本建设程序办事。没有合格的设计，不准开工；没有做好准备，也不要仓促开工；没有经过检验的构件，不准交付使用。强化工程管理的根本目的在于确保工程质量。对于施工现场也要严加管理，不能一处动工，四邻遭殃。国外在这一点上是十分严格的，一旦扰民，经发现必受严厉惩处，这一点也是值得我们借鉴的。

4. 以村容村貌管理为突破，强化环境管理

村容村貌是一个村镇的建设水平、管理水平、文明程度的总体反映，一定要严格管理。对于门面招牌、广告画廊、建筑小品、车辆停放、摊点台棚、垃圾堆放等都切实加以管理，既要解决脏、乱、差的问题，又要通过管理创造一个文明、整洁的环境。重点在于把乡镇企业同村镇的环境治理相结合，统一规划、统一实施、统一管理，严格控制污染，力求做到良性循环。

5. 加强农村建设用地管理

各部门要充分认识制止乱占农用地进行非农业建设的重要性和紧迫性，从实际出发，加强领导，制订有力措施，规范使用农民集体所有土地进行非农建设，控制农村集体建设用地供应总量和规模，控制农民集体所有建设用地使用权流转范围，严格禁止和严肃查处"以租代征"转用农用地的违法违规行为，认真清理和查处农民集体所有土地使用中的违法违规问题，坚决刹住乱占滥用农用地之风。

二、新农村建设规划管理

（一）规划编制与规划实施的管理

依据新农村建设规划确定的土地使用性质和总体布局，组织和安排村内土地的利用和各项建设，及时制止和处理违章建设行为。

1. 规划编制

一方面，要发动群众参与规划编制，另一方面，要充分重视规划的科学性，组织有一定专业知识的人员进行规划编制。规划编制过程中要征求新农村建设有关管理部门的意见，并与相邻乡镇或村庄协调。要及时把基础和公共设施的布局向群众公布，充分考虑群众的意见，并将合理的建议在规划中予以体现。

2. 上报审批

新农村建设规划须经村民会议或村民代表会议讨论通过，由乡镇人民代表大会或乡镇人大主席团讨论通过，报县级人民政府批准。新农村建设规划只有严格按照审批程序批准，才具有法律效力，也才能受法律保护，从而保证规划的严肃性和权威性。

3. 调整变更

新农村建设规划的实施是一个长期的过程，随着新农村建设的不断发展，可能会出现某些不能满足或适应当地经济和社会发展的情况，需要进行适当的调整和变更。为保证新农村规划的效力，对规划的局部调整，应经乡级人民代表大会或村民会议同意，并报县级人民政府备案；对涉及村庄性质、规模、发

展方向和总体布局的重大变更，应经乡级人民代表大会（或村民大会）审查（或讨论）同意，由乡级人民政府报县级人民政府批准。

4. 规划实施

严格要求新农村建设规划区内的土地利用和各项建设必须符合规划，并按照新农村建设审批程序，办理相关建设手续。同时要采取有效的管理措施，制止违章建设。

（二）建筑设计与施工的管理

社会主义新农村建设管理中，设计管理十分重要。主要是按照新农村建设规划的要求，通过对建筑设计图纸的全面审查，实现对规划区内的各项建筑工程（包括各类建筑物、构筑物）的性质、规模、位置、标高、高度、体量、体型、朝向、间距、建筑密度、建筑色彩和风格进行审查和规划控制。

建筑施工是新农村建设的主要阶段，也是把建设计蓝图变为现实的过程。加强新农村建筑施工管理是一项极为紧迫的任务。要加强施工队伍资质审查，维护建筑市场的正常秩序，重点是要严格建筑工程质量监督管理，保证建筑产品的质量。

新村规划　　　　　　　　　　　　健身设施

图 2-4　新农村建设的典型效果图

三、新农村建设用地管理

（一）集体建设用地的使用范围

1. 兴办乡镇企业使用本集体经济组织所有的土地

不允许乡（镇）办企业使用村或村民小组所有土地，村办企业也不能使用村民小组或其他村集体所有的土地。但是集体经济组织可用本集体所有土地与其他单位和个人以土地使用权入股、联营等形式共同举办企业。涉及占用农用地的，应当先办理农用地转用审批手续。

2. 农村村民建住宅使用本集体所有的土地

城镇居民使用集体土地，或农村村民建住宅使用其他集体经济组织所有的土地是不允许的。

3. 乡（镇）村公共设施和公益事业建设使用农民集体所有的土地

涉及占用农用地的，应当先办理农用地转用审批手续。使用其他集体所有土地的，应当给予补偿或调换土地。使用农民承包经营土地的，农民集体经济组织应当给予安置。涉及收回土地使用权的还应当给予补偿。如果乡（镇）企业建设用地因本集体经济组织内无法安排，可以申请使用国有建设用地，按国有建设用地的规定办理。

（二）宅基地的管理

1. 宅基地的定义

宅基地是指农民的住房、辅助用房（厨房、禽畜舍、厕所等）、沼气池或太阳灶、小庭院或天井用地，以及房前房后少量的绿化用地。宅基地不包括农民生产晒场用地。

2. 申请宅基地的条件及标准

符合下列情况之一的，可以按规定的用地标准提出宅基地申请：

- 因实施统一规划建设的新村、新居民点，或者因国家建设征用土地等原因，需要重新安排宅基地的农户。
- 因家庭人口增加，居住过于拥挤，原有宅基地面积低于规划标准的，以及子女已经达到法定婚龄，确实需要分户另行建房的农户。
- 经正式批准回乡并已落户定居的离、退休的国家工作人员、职工、军人、华侨、侨眷、台胞等，即在本地无住房而确实需要新安排宅基地的外来户。
- 经县级人民政府批准，从外地引进的专业工程技术人员及其家属原籍住房批准转让、宅基地已退村组的外来户。

凡有下列情况之一者，不能再向当地提出宅基地申请：

- 为未成年子女，或者为超计划生育子女分户建房的农户。
- 出租住房，或者将住房出卖给不符合申请宅基地条件的住户造成自己的住房紧张的农户。
- 按户口计算宅基地面积虽然低于规定标准，但原住房确有长期空闲的农户。
- 在农村没有常住户口或户口虽然在农村，但并不参加农村劳动，不参加农业分配的农户。
- 户口虽经合法迁入，但原籍住房未合法转让或未将宅基地退还集体的农户。
- 宅基地面积虽然低于规定，但该户人均占有建设面积已超过25 米^2 的农户。

3. 宅基地用地的审查程序

- 农村村民建造住房，由村民向农村集体经济组织或村民委员会提出申请，经村民委员会或村民代表大会讨论通过后，报经乡（镇）人民政府审核，再报县级人民政府批准。
- 农户按规定的宅基地标准，提出建房计划，向建房所在地村民小组提出用地申请。村民小组在县、乡下达的当年农房建设用地计划控制指标范围内能够予以安排的，发给"农村宅基地申请表"。
- 农户凭"农村宅基地申请表"同时向村镇规划部门申请选建房地点，并取得"建设工程规划许可证"和"村镇规划选址意见书"。
- 村民小组、村民委员会对建房申请材料进行全面审查。有的城镇按照乡规民约征求村民的意见，有的还要提交村民大会通过。
- 确实占用非耕地建房的，经乡（镇）人民政府批准报县土地管理局备案；占用耕地建房的，由乡（镇）人民政府审查，报县人民政府批准。
- 建房户在按规定缴纳有关费用后由乡土地管理所发给"用地许可证"，再由乡镇建设所发给"建设执照"。
- 现场放线后，由土地行政主管部门验查灰线，核定用地面积，符合要求的准许正式施工。竣工后进行验收，符合标准的发放"农村宅基地使用证"。

【能力转化】

● 调查活动

1. 调查当地新农村建设管理的内容，填入表 2-3 中。

表 2-3　新农村建设管理调研

管理项目	内容	管理效果	建议
规划			
工程			
环境			
土地			

2. 调查当地新农村建设规划管理的现状，填入表 2-4 中。

表 2-4　新农村建设规划管理调研

项目	规模或数量	满足村民需要情况	改进建议
住宅			
道路			

● 简答题

1. 收集整理本村新农村建设规划管理的材料，写一篇短文，谈谈自己对本村新农村建设规划管理的设想。

2. 简述当地新农村建设管理的实施成效。

3. 当地宅基地管理中存在的问题有哪些？

单元三 产业发展规划

【教学目标】

- **知识目标**

1. 使学生明确产业结构调整的原则；
2. 使学生熟悉农村产业发展模式；
3. 明确产业发展规划的内容和编制提纲；
4. 能够正确理解现代农业的内涵。

- **能力目标**

1. 能够正确分析农村的产业结构；
2. 能够正确选择并培育主导产业；
3. 能够正确掌握产业发展规划的主要内容；
4. 能够正确按照提纲进行专题规划的编制。

- **情感目标**

1. 培养全面思考问题的意识；
2. 提高探究的能力；
3. 培养按照规划，规范发展的意识；
4. 培养无公害、标准化、精品化现代农业的意识。

项目一　新农村产业发展

　　村庄产业的发展是村庄存在的前提和动力，关系村庄未来的发展和建设，发展村庄产业经济是建设社会主义新农村的可靠保证，是解决"三农"问题的重要物质基础和先决条件，也是密切党群、干群关系的物质基础，更是巩固党在农村的执政地位、加快农村全面建设小康社会的关键所在。而发展村庄产业必须探索新路子和新思路，必须处理好经济发展与环境保护的关系。

一、农村产业结构

（一）农村产业结构的内涵

农村产业结构指在农村经济中，一、二、三产业的比例关系和结合形式，通常用各业的产值和各业占用的劳动力数在农村经济总产值和农村总劳动力中所占的比重来反映。

（二）农村产业结构调整

调整农村产业结构是时代的要求，也是农民利益自身的要求。大力推进农村产业结构调整，是促进农村经济增长，实现城乡融合的关键。因此，制定有效的调整原则和措施，实现农村产业结构不断高级化和合理化，进而推动农村经济发展，加快我国城镇化建设的步伐意义重大。

（三）农村产业结构调整的原则

农村产业结构不断调整优化，即农业从简单再生产时代的单一种植业结构，逐步进化调整为大农业结构，再继续上升到多元化产业结构，这种产业结构由单一到多元，逐步细化的过程，将使产业结构越来越合理，生态循环越来越平衡，经济效益越来越提高，因此是一个产业不断升级进化的过程。这种不断升级的运动，是不以人们的意志为转移的，而是自然规律和经济规律的必然趋势，也是社会进步的客观要求。农村产业结构的调整应遵循下列原则：

1. 坚持因地制宜的原则

我国各地区自然条件、经济状况、农村产业发展的历史与现状等方面存在较大差异，因此，在农村产业结构调整过程中，必须坚持因地制宜的原则，实事求是，根据不同地区特点选择主导产业和主导产品，形成优势互补、各具特色、良性循环的农村产业结构的新格局。最大限度地避免不同地区间农村产业结构的低水平重复，合理配置和充分利用各种经济资源。

2. 坚持循序渐进、可持续发展的原则

农村产业结构调整是个渐进的过程，不是自然过程，它必须充分考虑资源条件和可能性。如果条件不具备，结构调整就不会顺利，硬性调整效果也不会好。因此，在农村产业结构调整过程中应避免操之过急，要搞好总体规划，循

序渐进，有步骤、分阶段地把农村产业结构调整好。此外，还应强调可持续发展原则，即产业结构调整要从长远入手，以服务现在、着眼未来为宗旨，讲求依靠科学技术进步，注意保持生态环境平衡，使农村产业结构调整与生态保护和环境规划结合起来，寻求农村的人口、经济、社会、生态环境之间相互协调发展，促进长远综合效益的持续提高。

3. 坚持市场调节与宏观调控相配合的原则

产业结构调整的实质是以市场为导向，合理配置和充分利用自然资源和经济资源，提高资源的利用效率和经济效益，实现效益最大化的合理结构。

我国实行的社会主义市场经济特别强调市场对资源的基础性配置作用。通过利益机制驱动，市场机制可自行调节各项经济资源，实现资源的优化配置。同样，农村产业结构调整也离不开市场机制本身。但是，也应该看到市场机制本身的弱点，如信息传递的滞后性和短期性目标等。因此，为克服市场机制配置资源的弊端，就需要政府制定相应的产业政策进行宏观调控，正确引导。

4. 坚持农产品质量优先的原则

以往农村产业结构调整是在卖方市场条件下进行的，追求的是农产品数量的叠加。目前，就全国而言，农产品的买方市场已经形成，农村产业结构调整必须在稳定基本农产品供给的前提下，注重农产品质量和品质的提高，全面提高农业和农村经济的经济效益，促进农业经济增长方式的根本转变。

二、农村产业结构合理化

（一）产业结构变动的影响因素

产业结构变动的影响因素主要是供给和需求两个方面。

1. 供给因素

（1）自然条件和资源禀赋。那些自然资源丰富的国家其产业结构或多或少地具有资源开发型的特性，而资源匮乏的国家则以加工型的产业结构为主。

（2）人口因素。人口因素影响着劳动力的供给程度和人均资源拥有量以及可供给能力的程度。劳动力丰富且价格低廉、资金又缺乏的国家应该多发展劳动密集型的产业；劳动力不足而资金比较充裕的国家应该多发展资本密集型的产业。

（3）技术进步。生产技术结构的进步与变动都会引起产业结构的相应变动，技术水平的不同决定了比较劳动生产率的不同，技术进步又引起比较劳动生产率的变化。产业结构转换的动力来自比较生产率的差异，表现为生产要素从比较生产率低的部门向比较生产率高的生产部门转移。产业结构的转换和升级，主要取决于部门之间生产率增长速度的差异。

（4）资金供应状况。资金供应总量和资金供应结构的变化是产业结构改变的直接原因。

（5）商品供应状况。对产业结构变动产生较大影响的商品包括原料品、中间投入品、零部件等。

（6）环境因素。环境因素包括政治、社会、法律和文化等，如良好的法律环境可以使知识产权得到保护，从而刺激科技进步，刺激产业结构的合理化。

2. 需求因素

（1）消费需求。需求总量与结构变化会引起相应产业部门的扩张或缩小，也会引起新产业部门的产生和旧产业部门的衰退。

（2）投资需求。投资是企业扩大再生产和产业扩张的重要条件之一。资金向不同产业方向投入所形成投资配置量的比例就是投资结构。不同方向的投资是改变已有产业结构的直接原因。

（3）国际贸易和国际投资。产品的进出口和资本的流动都会引起产业结构的变化。

（4）其他因素，如产业政策的变化等。

（二）促进产业结构合理化的建议

1. 充分发挥政府在农村产业结构调整中的作用

农村产业结构是一个有机的整体，各产业部门之间既相互联系又相互制约。因此，需要全方位推进，各方面配合。

政府的有效启动是农村产业结构调整得以顺利进行的组织保证。政府在农村产业结构调整和优化中的职能表现为：

（1）确定产业结构调整方向。农村产业结构调整是从宏观上协调农业内部各层次、各产业之间的比例关系，引导农业的发展方向。政府确定农业产业结构调整方向以引导农业的正确发展，是政府宏观管理农业的首要职能。

（2）制定产业结构调整规划。是指政府农业职能部门在科学研究基础上向农业经营者提供的指导性意见，主要是为农业基础部门和农民进行结构调整给予科学指导。在制定产业结构调整规划时，既要考虑国内外市场需求变动，又要深入分析当地的特点和优势。

（3）提供公共产品的职能。在农村产业结构调整中，最重要的公共产品是农村基础设施。我国农村基础设施十分落后，极大地影响了农村经济的发展进步。加快农村基础设施建设对农村产业结构调整有深远而现实的意义。

（4）规划与健全市场体系的职能。农村产业结构调整及优化的保障是健全的市场体系。政府的职责首先是健全和加强产地批发市场建设，其次是加强市场信息网络建设。

（5）采取经济手段激励执行产业政策。主要有价格政策、税收政策、信贷政策。

2. 依靠科技创新，促进产业升级

科技创新是调整产业结构，促进生产力更快发展，从而带动经济和社会更快进步的强大推动力。科技创新从供给和需求两个方面影响产业的投入产出状况及生产要素的配置和产出效率，从而推动农村产业结构变革。从供给方面看，科技创新对产业结构的影响具有直接性，主要是通过提高劳动力素质、改善生产的物质技术基础、扩大劳动对象范围、提高管理水平等途径来实现的；从需求方面看，科技创新对农村产业结构的影响，则是通过影响生产技术、消费需求以及出口，即借助需求结构的变动来实现的，属于间接影响。在现实经济中，这两种影响经常交织在一起，共同促进产业结构调整。

当前，要彻底排除科技通向农户的各种障碍和约束，如信息约束、科技转化能力约束、风险约束等，在加强农业科研的同时，把技术开发、技术推广、教育相结合。一是加速我国现代农业科技创新体系建设；二是建立雄厚的农村技术储备体系，增强农业发展后劲；三是建立健全农业技术推广体系，疏通科技物化渠道；四是建立科技示范工程；五是加强种子工程建设，为农村产业结构的调整提供优良的动植物新品种。

3. 全面提高农产品质量

目前，我国大部分农产品市场已由过去的卖方市场向买方市场转变，同时人们的生活水平也由原来的吃饱、吃好、吃得安全向吃得健康转变。一方面，市场上对优质稻、优质棉、优质猪等名、优、特农产品存在较大的需求空间，另一方面，有大量的劣质农产品库存难以消化。因此，全面提高农产品质量，发展绿色食品已成为新一轮农村产业结构调整的重要方面。一要合理确定商品品质差价，价格既不能过高，也不能太低，太高会因高昂的价格失去一大批客户，从而失去优质农业得以发展下去的良性循环；太低则会挫伤农民发展优质农业的积极性，使优质优价政策难以得到有效的实施。二要规范市场行为，保证优质优价的可靠性和产品的声誉。

4. 农村产业结构合理化的标准

（1）是否适应市场需求的变化。在市场经济中，生产的目的是为了满足市

场的需求。因此，产业结构作为一个资源转换器，其基本的要求就是它的产出能够满足市场的需求。因此，对市场需求的适应程度，就成为判别一个产业是否合理的标准之一。

（2）产业间的比例是否协调。结构平衡问题在产业结构上的表现，就是各产业间是否具有一种比较协调的比例关系。

（3）能否合理和有效地利用资源。产业结构作为资源转换器，其功能就是对输入的各种生产要素，按市场的需求转换为不同的产出。在转换过程中，转换的效率是一个重要的指标。对资源的合理和有效利用，包括两个方面的含义：一是提高资源的使用效率；二是利用多种渠道，充分利用系统内外的各种资源。

三、农村主导产业

（一）农村产业发展模式

村庄产业的发展是村庄存在的前提和动力，关系到村庄未来的发展和建设，是加快农村全面建设小康社会的关键所在。而发展村庄产业必须探索新路子和新思路，处理好经济发展与环境保护的关系。

不同的村庄，经济状况、自然资源以及文化习俗、社会环境等都不同，农村产业发展模式也不能搞一个模式，一刀切，目前主要的模式有：

1. 产业型

主要的特点是拥有丰富的自然资源和一定的资源利用技术和能力，能够将资源转化成资本，支撑整个村庄区域的经济社会发展，呈点扩散的一个发展趋势，逐渐带动整个区域的发展。

2. 旅游型

具有丰富的人文或者自然风光，优美的自然景观是这类村庄的发展条件，通过阶段性的市场带动村庄旅游产业的发展，村庄的原真性保持是村庄产业发展的关键。

3. 历史文化型

具备深厚的历史文化底蕴，历史文化是其发展的重要因素和亮点，文化的传承和发扬是发展的重点和难点，市场前期的宣传营销很重要，市场前景很广阔。

4. 农庄型

农村因地制宜，因势利导，充分利用农户庭院空间以及周围的鱼塘、树林、菜地等农家资源，增设耕地种菜、现场采摘、任意"点宰"、自选自做等服务项目，让游客吃农家饭、享农家乐，大力发展农家休闲娱乐旅游经济。投资少、收益好、见效快是农庄型的特点。

5. 城镇型

分布在城镇周边的村庄，依托城镇的公共设施和资源以及四通八达的交通区位优势，发展自身建设，与城镇发展相互协作，以城带村，以乡促城，推进农村现代化，促进城乡统筹发展。

6. 综合服务型

按照"依托城市、服务城市、致富农民"的发展思路，充分利用城郊乡镇区位优势、资源优势和产业优势，积极围绕休闲、生态、观光、旅游农业以及对名优农产品进行项目包装，积极开展各类相关招商活动，发展第三产业，增加农民收入。

一般沿重要的交通性道路，或者是资源型城镇周边，以第三产业为主，提供相关的服务设施或建设特色农业，为城镇配送蔬菜、花卉、农副产品等。配套设施的建设和服务范围是村庄发展的重点，而产业类型是村庄建设的基本因素。

（二）主导产业的内涵及特点

1. 主导产业的内涵

主导产业是指在产业结构中处于主要的支配地位，比重较大、综合效益较高、与产业关联度高、对国民经济的驱动作用较大、具有较大的增长潜力的产业，是能满足不断增长的市场需求并由此而获得较高的和持续发展速度的产业。

主导产业是指在经济发展的一定阶段上，本身成长性很高，并具有很高的创新率，能迅速引入技术创新，对一定阶段的技术进步和产业结构升级转换具有重大的关键性的导向和推动作用，对经济增长具有很强的带动性和扩散性的产业。在产业的生命周期中，主导产业处于成长期，处于成熟期的是支柱产业，处于初创期的是先导产业。

2. 主导产业的特点

（1）主导产业具有较强的关联效应或扩散效应。主导产业对产业结构系统的引导功能是通过其带头作用实现的，而带动作用的实现则依赖于关联效应。因此，主导产业对产业结构系统的引导功能的发挥，最终取决于其有无较强的关联效应或扩散效应。如果一个产业具有了关联效应或扩散效应，它就可能带动其他产业的发展，引导整个产业结构的发展方向。反之，最多只能得到自身的发展。

（2）由于主导产业的存在及其作用会受特定的资源、制度和历史文化的约束，因此不同的国家或同一个国家不同的经济发展阶段主导产业也是不一样的，它会受所依赖的资源、体制、环境等因素的变化而演替。如日本的主导产业演替顺序是：纺织工业→钢铁、机械、化学工业→汽车、家电工业→电子工业等高技术产业。

（3）主导产业应具有序列演替性。由于主导产业应能够诱发相继的新一代主导产业，因此，特定阶段的主导产业是在具体条件下选择的结果。一旦条件变化，原有的主导产业群对经济的带动作用就会弱化，被新一代的主导产业所替代。

（4）主导产业应具有多层次性。由于发展中国家在产业结构调整和优化过程中，既要解决产业结构的合理化问题，又要解决产业结构的高度化问题，因此，处在战略地位的主导产业应该是一个主导产业群，并呈现多层次的特点，实现多重化的目标。

（三）选择主导产业的制约因素

1. 自然资源

在资源比较丰富的发展中国家，主导产业部门的选择一定要本着有利于依靠和利用本国丰富的某种资源的原则，注重引进技术和必要的设备，而不能发展那种过分依靠大量进口原材料的产业。

2. 需求约束

主导产业的产品应在国内和国际市场具有较大量、长期、稳定的需求。当然首先是针对国内市场。市场需求是所选择的主导产业生存、发展和壮大的必要条件。没有足够的市场需求拉动，主导产业很快就会衰落。

3. 供给约束

供给方面的主要约束是能源基础原材料、基础设施和资金严重短缺。与其他国家相同发展水平人均能源占有量相比，中国人均能源占有量相当低，原材料产品供给不足问题也很突出。所以，主导产业的选择应该多层次化。

4. 就业约束

中国人口众多，劳动力相对过剩，这一方面是劳动力资源丰富的优势，另一方面也造成巨大的就业压力，面对这种状况，在选择主导产业时不得不把安置劳动力就业问题摆到重要位置上。因此，选择的主导产业应具有强大的劳动力吸纳能力，能创造大量就业机会，这样既可以缓解就业压力，又能充分发挥中国劳动力资源丰富这一比较利益优势。

5. 科技、教育水平约束

主导产业的选择必须特别重视技术进步的作用，所选择的主导部门应当能够集中地体现技术进步的主要方向和发展趋势。中国受科技和教育水平的制约，整个产业技术水平还很低，不能过分追求高技术。中国技术与经济发展本来就有多层次的特点，技术进步也具有不同层次的内涵，并非一定具有最高水平。所以，中国选择主导产业，必须考虑到技术发展的多层次性和协调性，选择具有启动关联作用的"适用技术"。科技、教育水平的状况决定了中国主导产业群不可能完全高技术化，而必然是一种多层次的格局。

6. 部门带动性强

主导产业的选择必须充分考虑它对相关产业的带动作用，应具有较大的前、后向联系和影响，通过这种关联产生对一系列部门的带动与推进作用，并使这些部门派生出对部门的进一步促进作用，从而产生经济发展中的连锁反应和加速效应。

7. 有进口替代或出口创汇能力

虽然中国主导产业应以国内市场作为主体市场，但在开放条件下，还必须具有国际竞争意识，重视国际贸易的作用。主导产业应在立足国内市场的基础上，有外向发展潜力，能在国际市场上形成较强的竞争能力，从而既增加有效供给时间，又可为国家换取外汇。在选择主导产业时还应注意选择那些有一定技术基础，但产品长期大量依赖进口的产业加以重点扶植，尽快实现产品的进口替代，并能在此基础上，不断提高技术水平，增强对引进技术的吸收、转化、创新能力，闯出一条"进口依赖—进口替代—出口创汇"的道路。

（四）主导产业的选择和培育

1. 选好主导产业

（1）主导产业的选择要因地制宜。要立足于本地资源状况，综合考虑区位优势、产业基础和市场条件等因素，从实际出发，因地制宜，找准产业发展的切入点，宜农则农，宜工则工，宜商则商，同时发展乡村旅游业等农村服务业、文化产品、民间手工艺等非物质产业，变资源优势为产业优势。

（2）主导产业定位应谋求制胜高招。要科学分析本地资源、技术、人才等各方面的比较优势，组装强势要素，培育强势产业，做到"人无我有，人有我优，人优我特"，抢占制高之点，练就制胜之招。

（3）应着力发展农产品加工业。发展农产品加工业是指对农林牧渔产品及其加工品为原料进行简单再加工的生产活动。把农产品略作加工要比将其直接提高到加工业的二次产业相对容易，可以初步实现生产的专业化，投资少，见效快，能直接满足最终消费需求，从而提高一次产品的附加值。

（4）应尊重农民群众的意愿。选择主导产业，要依据市场规律，尊重农民的意愿，维护农户生产经营自主权，引导他们按照市场需求组织生产、加工、调整产品结构等。

农村产业模式见图 3-1。

旅游

花卉

反季节甜瓜

养鸡

图 3-1　农村产业模式

2. 培育主导产品

（1）主导产品市场定位。主导产品市场定位应注重消费者消费心理变化。如农产品市场应利用本地独特的地理环境，自然资源优势，开发稀有农产品，做到"人无我有"；另一方面，要紧扣消费需求抓开发，加强市场调研和消费心理研究，针对生活水平的提高和健康需要的扩大来生产提供稀有农产品。如无公害农产品、绿色食品、有机食品、保健食品的开发；错开生产季节抓开发，发展设施农业，生产反季节产品，利用上市的时间差形成竞争优势；利用表征差异抓开发，同类农产品，由于味道、形状、颜色、个体等表征的差异，可以赢得竞争优势，如樱桃番茄、黄瓤西瓜等，各地要因地制宜，开发、引进、生产类似的差异化品种。

（2）搞好主导产品的"品"。开发生产品质优良、特色明显、附加值高的名优特新农产品，突出产品的特色；通过多种形式宣传，使广为人知，扩大产品的影响；推行标准化生产，大力发展无公害农产品、绿色食品、有机农产品生产，保证产品质量；引进新技术、新品种和新工艺，加快消化、吸收和改良，提高产品的档次；加强品牌的培育、认定、宣传、保护和推广，打造竞争力强的名牌产品，增强产品的亮度。

3. 提升规模化水平

没有规模就没有效益，规模是产品市场化的关键因素。在稳定和完善家庭联产承包责任制为主的经营体制下，政府鼓励越来越多的耕地向种田大户、专业大户集中，形成区域化、专业化发展格局，具有一定的规模经济。围绕示范村，调整产业结构，推进规模化和区域化，同时，完善和延伸产业链条，搞产业化经营，可发展生产、加工和销售专业村，做大做强主导产业，把规模化和专业化发展有机地结合起来。

4. 区别优势产业、支柱产业和主导产业

（1）优势产业。指那些在当前经济总量中其产出占有一定份额，运行状态良好、资源配置基本合理、资本营运效率较高，在一定空间区域和时间范围内有较高投入产出比率的产业。

在产业寿命周期曲线中，优势产业一般处于发展的中后期到成熟的中期这一区间，对整个经济的拉动作用处于或即将处于鼎盛时期，同时也处于后劲不足的衰退前夕，对经济的带动期已经很短暂了。

优势产业强调资源的天然条件、资源的合理配置以及经济行为的运行状态，只有当它们都得到了比较好的结合，才有可能形成优势产业。

（2）支柱产业。指净产出在国民经济中占有较大比重的产业。严格来说仍属于优势产业的范畴，但优势产业不一定都能成为支柱产业，因为它更强调某一产业在整个经济总量中所占的份额及其对相关产业的带动作用。一种或一类产业要演化成为支柱产业，必须经历一个漫长的生长、发育、竞争、淘汰、成熟的过程。只有那些经过残酷竞争生存下来且得到不断壮大、经济规模在区域经济总量中占有较大份额的产业，才有可能成为一定区域中的支柱产业。

（3）主导产业。指在区域经济中起主导作用的产业，指那些产值占有一定比重、采用了先进技术、增长率高、产业关联度强、对其他产业和整个区域经济发展有较强带动作用的产业。

从产业寿命周期理论看，一般情况下，主导产业处于幼稚期到发展期之间，而支柱产业和优势产业处于成熟期，有些则已经步入衰退期。在整个经济发展过程中，主导产业将发挥越来越大的作用，而支柱产业和优势产业却已经走上了下坡路。根据发展经济学理论，对于即将走上衰退之路的产业，尽管它仍然相当强大，也没有必要通过各种方式维持其作为支柱产业和优势产业的地位，因为这种维持的机会成本是极高的，既有可能影响新的支柱产业的形成，也有可能影响整个产业结构升级。

优势产业、支柱产业和主导产业，各自强调的目标利益也不相同。主导产业着眼于未来的长期发展，强调创新，未来的发展优势和带动效应；而支柱产业、优势产业则立足于现实经济的效率和规模，注重可靠性和效益。主导产业未必是当前经济中有较大影响的产业，其当前资源利用效率也可能较低，投入产出比率也难如人意；而支柱产业、优势产业则一定是在现实经济中占有较大份额、对 GDP 的贡献率较高、投入产出比较好的产业。

【能力转化】

● 调查活动

1. 收集当地的产业结构状况，并分析其合理性。

2. 调查整理当地关于新农村建设产业发展的有关资料，分析当地主导产业状况及其前景。

● 简答题

如何对当地产业进行结构调整？

项目二　产业发展规划的制订

一、产业发展规划的主要内容

（一）产业发展的政策

政策保障措施是实现产业发展和规划目标，形成主导产业和落实产业空间规划的重要保障，涉及法律、经济、行政、社会等方面的措施和手段。

1. 法律和法规手段

通过立法程序，产业发展和规划具有一定法定效力，即通过立法形式来实施产业发展和规划，把产业发展和规划纳入到国民经济和社会发展规划体系中，建立产业准入制度。根据行业类型、规模和产业空间特点等，形成"鼓励、限制、禁止"相结合的产业准入机制。尤其是加大对"限制和禁止产业"的管制力度，促进产业结构的优化和调整。

2. 经济手段

通过一系列经济手段，组织、调节和影响产业活动，促进产业发展和规划的实施，包括运用财政投入、设立基金、财政补贴、税收优惠、奖励和罚款等经济杠杆、价值工具、经济责任制等方式，促进优势产业的发展及规划目标和规划重点的落实。

3. 行政手段

采取行政手段和方式来促进产业发展和规划的实施，依靠各级行政管理部门可实施的政策工具，如政策规定、指导意见、管理办法、任务分解等方式，促进产业发展和产业规划的实施。

4. 公众参与

公众参与是监督产业发展可能带来的外部经济效益的重要手段，也是落实产业规划的重要方式。在产业规划编制阶段，就应该广泛征求公众意见，通过媒体等大众传播手段广泛向公众宣传，使公众熟悉规划意图，明确规划可能对自己带来的正向和负向的影响。

（二）产业发展的现状和特点

一个国家或地区的产业发展可分为不同的阶段，产业发展在各个阶段所面临的问题、发展的驱动因素、产业政策、空间布局特征及其区域经济影响作用明显不同。因此，产业发展和规划的前提条件是要立足不同行业的总体发展态势，从更广阔的区域背景条件出发，搞清楚产业发展现状、问题和特征。

1. 产业发展水平的判断

产业发展水平需要从行业和区域两个角度进行分析和判断。首先要从不同行业的国际和国内发展趋势和特征出发，分析该行业在国际或国内同行业中的发展地位和优势，判断和分析该行业的总体发展水平。其次要在区域内部和区域之间分析各行业的比较优势和发展水平。有时从行业角度来看，某行业并不代表本行业发展趋势和最高水平，但从区域角度来看，却具有明显的比较优势；相反，有些行业在区域发展中地位不一定突出，但它也许代表着行业的发展趋势。因此，对产业发展水平的判断，应该从行业自身和区域视角两个方面加以分析和判断。

2. 产业发展存在的问题分析

准确分析和把握一个行业或一个地区不同行业在发展中存在的各种问题，

是制定产业发展和规划的基础。产业发展存在的问题需要跳出区域或行业自身的束缚，从更广阔的区域和行业视角来分析产业整体、不同产业之间、产业内部等在发展水平、产业关联、资源利用、区域优势发挥、生态和环境保护、产业用地等方面存在的问题或不足。

3. 产业发展和空间布局的基本格局及其特点分析

从不同产业层次和空间视角分析各产业在量和质上的特征和比例关系、地区特色和优势产业发展状况、中小企业集群和产业链的发展状况，研究产业在空间上的集疏规律和趋势，产业园区、产业基地和产业集聚带等的分布特征。

4. 产业发展和布局变化趋势的预测

随着我国对外开放程度的深化，经济全球化和区域化对产业发展的影响显著增强，产业间的竞争层次和深度也发生了变化。因此，科学预测产业发展趋势和空间变化态势，对产业发展和规划具有重要的意义。产业发展和空间变化预测包括产业规模和结构的变化趋势、产业关联的变化趋势、产业空间集疏的变化、产业发展重点空间的判断等。

图 3-2 为新农村的产业。

图 3-2　新农村产业

二、产业发展规划的要求

1. 产业发展定位和目标

产业发展定位和目标是产业规划的核心，产业发展方向、重点和空间引导等要围绕产业定位和目标展开。

（1）产业发展定位。产业定位是指准确确定各产业在全国和各地区所占据的地位、发挥的作用、承担的功能等。产业发展定位要立足于长远，科学分析各产业在全国或大区域等不同空间尺度中发挥的作用和所处的地位。产业定位要体现以下几个方面：一是要有层次性，由大而小层层定位，如在国家层面和区域层面各产业可能发挥的作用和所处的地位等；二是要以市场为导向，不拘泥于行业和区域自身的发展现状，从未来产业发展潜力和对周边区域发展可能带来的机遇进行定位；三是要体现未来性，要着眼于未来，从长远的发展前景和趋势看各产业可能发挥或承担的作用和功能。

（2）产业发展目标。产业发展目标是从国内外宏观发展背景、区域优势和劣势等条件出发，分析、判断和预测未来产业总体和各产业发展的前景。产业发展目标分为定性表述和量化目标的预测，量化目标包括产业总量、产业增长目标、产业结构目标、产业运行质量目标和产业空间调整目标等。按照时间尺度，产业发展目标又可分为近期、中期和远期发展目标。

2. 产业发展重点方向

在产业发展和规划之中，要确定产业发展方向，明确产业发展的重点。对于各产业规划而言，需要确定未来各产业内部行业的发展重点，如服务业包括各种行业，是发展现代服务业还是传统服务业，而现代服务业又包括各种领域，应该根据行业发展现状、目标和未来发展潜力等确立未来产业的发展方向和重点。对于区域产业规划来说，要根据区域产业特征、优势、市场需求等因素，确立区域发展的主导产业或未来发展的重点产业，并设计相应发展和规划的方向和内容。目前，在区域产业规划中，主导产业同构现象比较普遍，区域特色反映不明显。这一问题不完全是规划所致，与市场的导向也有直接的关系。

3. 产业发展空间引导

产业空间规划要根据全国和各地区产业布局现状，结合产业发展和布局的理论，发挥各产业的特点和优势，按照市场经济规律与政府宏观调控相结合的方式，以最大限度地利用空间资源、促进产业的协调和持续发展为目标，在空间上合理配置和引导产业发展。

（1）产业发展的空间引导。产业或企业的区位选择主要依靠市场来调节，能够最大限度地利用各种资源和生产要素，并可以获得最大利益的空间是产业或企业最佳的投资空间。规划要引导产业在获得最大利益的基础上，尽量避免产业发展和布局造成地区土地、水、矿产等资源的浪费，减少产业发展对生态和环境的压力，形成产业空间配置相对平衡，促进地区经济发展和增加就业水平的良好发展态势。

要根据不同地区的发展条件、发展背景和区域的功能定位，通过产业政策建立行业准入机制，引导不同类型的产业在相应的区域发展和布局。如在大区域中，主要发挥生态服务功能的区域，其产业引导方向就要限制污染类、对资源消耗大的重化工产业的发展，重点是鼓励发展一些生态和环境友好的产业，如旅游业等。

对于一些关系国计民生的基础行业不能简单地考虑行业自身的发展条件和发展目标，还需要从区域协调、产业基础和相关产业的配套等角度考虑，引导产业既要考虑市场因素，也要考虑区域间的合理布局。如现在大量依靠国外原油发展的石化工业，从原油进口和市场消费来看，大规模在广东等东南沿海布局最为合理，但考虑到原有的石化基地和大区域的平衡等问题，石化工业不宜在广东过分集中。

对于日常消费类行业主要依靠市场来决定其投资区位，产业空间引导主要是通过用地、税收、环境保护等政策工具进行调控。

（2）产业发展点（轴、带）的规划。产业在空间的发展不会均衡展开，在一些区位条件优越的城市（或地点）、交通干线两侧等会形成不同规模、等级的产业集聚点和集聚轴（带），这些产业集聚点（轴、带）是不同层次区域经济发展的重要依托和支撑，也是各类产业发展的核心区。因此，按照市场经济规律，最大限度的利用不同层次区域的各种资源优势，促进不同类型、规模的产业集聚点（轴、带）的形成和发展是产业空间规划的重要研究内容。

（3）产业空间的管治。产业在空间上的发展要充分考虑生态与环境的约束和人居环境发展的要求。针对重要的生态和环境保护区、居民区、文物保护区、风景名胜区等区域或轴线应制定严格的产业发展和布局的限制政策，形成不同层次的产业管制区。根据产业管制区类型特征，按照强制性、指导性、引导性等政策手段进行分类指导，目标是促进产业发展与生态建设和环境保护相协调。

4. 产业发展和规划的支撑条件建设

产业发展和规划的实施需要交通运输、供电和供水系统、环保设施等条件的支撑。因此，围绕重点产业集聚点和集聚轴（带），要按照市场规则和适度超前的原则，建设和完善产业发展必需的基础设施和投资环境，形成跨区域共建和共享机制，促进产业可持续发展。

（1）交通设施建设。加强产业集聚点（区、轴）内部与外部的交通联系，构建包括高速公路、高速铁路、干线公路、国家和地方铁路、城市轻轨等在内的高效、快捷综合交通运输体系，进一步完善产业发展和规划落实的交通环境条件。

（2）电源点和电网建设。产业发展对供电系统的要求比较高，供电能力、价格和稳定性等对不同产业的发展具有一定程度的影响，尤其是对高耗能产业的发展制约程度更大。因此，电源点和电网的建设对产业发展和规划的落实具有重要的支撑作用。

（3）供水系统建设。完善供水设施,提高管网供水普及率,确保产业发展用水是落实产业规划的基本保障。因此,根据不同行业的规模,建立相应的供水系统和污水处理系统,提高产业用水的循环利用率,是建设产业循环经济的重要内容。

三、产业发展规划提纲的编制

（一）描述新农村产业发展现状

社会主义新农村是指在社会主义制度下,反映一定时期农村社会以经济发展为基础,以社会全面进步为标志的社会状态。社会主义新农村建设主要内容包括统筹城乡发展、发展现代农业、增加农民收入、培养新型农民、繁荣农村文化、改善人居环境、深化农村改革七个方面。

1. 新农村产业概况

概括描述试点村产业生产经营状况,让外界对试点村产业现状有一个全面、总体的了解。要注意突出重点,先概要描述试点村自然、经济、社会基本情况。

2. 生产现状

描述试点村产业生产经营基本情况,根据村级经济特点,可分种植业、养殖业、加工业、其他产业等说明,同时分析生产经营技术水平、产业经营机制、生产基础设施条件等。除文字描述外,可用数据表直观描述。

3. 市场现状

描述试点村自产自销外销产品、外购消费经营产品的市场及经营情况,经济收入情况,产品市场情况及竞争力等。有代表性的特色产品,应作专题详细描述。

4. 有利条件

根据试点村产业特点,从资源、环境、市场、现有基础等方面,从区域比较优势的角度分析评价产业发展的有利条件,必要时可将试点村周边相关的资源、环境、市场、基础设施条件等纳入有利条件分析。

5. 制约因素

客观分析产业发展存在的问题与不足,指出制约产业发展的主要因素。

（二）分析产业发展潜力

1. 特色优势资源

根据资源的客观属性,从相对比较的角度,评价试点村产业优势资源特点。资源区域可适度向周边辐射,但应区别说明。如特色农产品的客观属性是具有特定的生产区域、特殊的产品品质和独特的市场优势。

2. 产业开发潜力

从产业合理可开发利用的角度，最大限度地分析计算试点村优势资源的可利用程度和条件，辐射可带动的区域优势资源的可利用程度和条件。

3. 市场开发前景

以市场消费需求现状及发展趋势为背景，分析产业产品可开发的市场前景，未来发展的市场定位及品牌竞争力。

（三）明确产业发展目标

1. 发展思路

概括性地提出产业发展指导思想（思路）。围绕中央和地方对建设社会主义新农村提出的要求，结合试点村总体发展规划提出的指导思想与产业发展实际，制定试点村有针对性的产业发展思路。

2. 发展原则

产业发展要遵从自然规律和经济规律，应按科学发展观要求，提出试点村产业发展应遵从的原则。如资源基础原则、市场导向原则、科技支撑原则、因地制宜原则、适度规模原则、提质增效原则、产业化经营原则、可持续发展原则等。

3. 发展目标

发展目标是规划的核心内容，坚持中央和地方提出的建设小康社会和农村经济社会发展目标，结合试点村总体发展规划提出的经济发展目标，围绕促进农业与农村经济发展，增加农民收入这一根本主题，制定科学、合理、可行的试点村产业发展目标。

（1）确定构成的主体指标体系。

①产业经济总收入及构成。产业总收入即为全村的经济总收入，应列出构成总收入的主导产业，一般有种植业、养殖业、加工业、其他产业等，并计算各业构成的比重。

列出构成各主导产业收入的内容及所占比重。如种植业一般由水稻、玉米、薯类、小麦、油菜、烤烟、蔬菜、水果等构成，养殖业一般由猪、牛、羊、禽、鱼等构成，加工业及其他产业根据实际情况列入。

各业收入是由其产量及价格决定的，因此要对应列出各业产品产量及取用的计算单价。

②粮食总产量及构成。粮食总产量由试点村种植的粮食品种构成，一般有稻谷、玉米、小麦、薯类、杂粮等。

③肉类总产量及构成。肉类总产量由试点村养殖的畜禽品种构成，一般有猪、牛、羊、禽等，也可包括水产品，但需说明其所占比例。

④农民人均纯收入及构成。农民人均纯收入由种植业、养殖业、加工业、其他产业等生产及经营收入构成，包括有价值的物化折价收入（注意按统一计算口径），单列人均现金收入指标。

（2）确定指标相关计算参数原则。

①主导产业所占比重。主导产业是构成试点村经济发展目标的主体因素，应根据资源可利用程度、产品市场可开发情况合理确定。

②发展速度。一般规划目标的发展速度主要由过去平均速度与未来创造条件可能增加的速度决定，同时也考虑社会需求发展的拉动作用，也可直接参照国家、地方、行业制定的发展速度确定。

新农村的产业（经济）发展速度主要根据自身客观条件合理确定，与自己比、与同类型村相比、与社会平均发展速度相比，应是跨越式的发展，但要注意必须有支撑跨越式发展的条件，同时注意量力而行。

③产品产量（经营收入）。试点村产业产品产量（经营收入）的增减，可根据产业发展优劣条件合理确定，必须考虑自身利用社会资源互补的能力。

④产品（经营）价格。产品（经营）价格以市场为准则。大众（大路）产品（经营）以市场现价为基础，参考物价指数确定；特色产品根据产品可能的市场价值，参考同类产品的市场价格确定。

（3）确定产业发展目标。根据上述指标体系及计算原则确定试点村产业发展目标。要注意这是村民的目标，要广泛征求村民的意见，尊重民意，使村民自己心中有数，提高实现目标的自觉性与积极性。

（四）确定重点发展产业布局

1. 重点发展产业

描述重点发展产业的选择依据、支撑条件及总体发展规模。

试点村的资源及条件有限，重点发展产业条件在立足自身的基础上，可考虑外向型，但要注意外向资源及条件利用的可能性与自身利用能力。重点发展产业选择要突出区域比较优势，要重点突出，不要面面俱到。

2. 重点发展产业布局

根据重点产业总体发展规模、产业发展条件要求，结合试点村的客观条件，因地制宜布局重点发展产业，绘制布局图。

布局图以试点村行政区为范围，统一按 A4 纸开版绘制。图中示意重点发展产业的生产基地及项目建设方位，图例标注基地及项目名称、建设规模等经济技术指标。可用一幅图表达，也可用多幅图表达。

重点发展产业涉及外向资源及条件的，必要时可增加外向资源及条件利用布局图。

（五）规划重点产业建设项目

依据试点村重点发展产业提出的建设规模，结合产业建设条件实际需要，按项目建设投资规范要求，规划设计产业发展重点建设项目规模、主要建设工程与投资等。

1. 特色种植业建设工程

（1）选择确定建设项目，列出建设项目名称。

（2）项目规划设计内容。主要包括建设的必要性、建设规模、主要建设工程、建设期、投资估算、资金筹措、效益分析等。

（3）土地整治工程。分土地平整、土壤改良、沃土工程等；田间排灌工程分提水蓄水工程、引水干渠支渠、排洪排涝沟等；保护地栽培工程分地膜、普通（简易）阳光温棚、标准阳光温棚、人工控温控湿温棚、智能化人工气候室等；田间道路工程分机耕道、田间便道、田埂等；农机具分耕整机械、田间管理机械、收获机械、排灌机械、植保机械、加工机械、运输机械等；其他配套工程有晒场、烘烤房、积肥坑、贮藏保鲜库等；技术培训分适用技术培训、新技术知识培训、农民职业技术培训等；技术推广工程分良种及技术引进、良种及技术推广等。

（4）种植业生产基础设施建设规划选择原则。根据生产实际需要、考虑设施的适用性与使用效益、具备投资能力、有利于适度规模生产与产业化经营、符合试点村环境建设布局要求。

2. 特色养殖业建设工程

（1）选择确定建设项目，列出建设项目名称。

（2）项目规划设计内容（与种植业相同）。

（3）土建工程。分养殖设施（如圈舍、池塘、饲料储备与加工设施等）、管理设施（如生产管理、卫生防疫管理等设施）、公用工程（如水、电、路、围墙、场地、环保、消防、环境绿化等建筑工程）；配套及综合利用工程包括饲料种植、粪便及废弃物综合利用（如沼气工程）等；设备配置包括饲料加工设备、卫生防疫设备、水电设备、运输车辆等；良种及技术工程包括良种保护、良种繁育、良种推广、技术培训等。

（4）养殖业生产基础设施建设规划选择原则。根据生产实际需要；考虑设施的适用性与使用效益;结合养殖小区建设方向,有利于适度规模饲养;结合沼气、肥料综合利用与环境保护;考虑动物福利(健康的生活及清洁的生存环境条件);具备投资能力;有利于产业化经营;符合试点村环境建设布局要求。

3. 特色加工业建设工程

(1)项目选择的原则。应坚持因地制宜与市场导向,根据资源条件、项目基础及市场需求,可选择适宜发展农产品加工、矿产品加工、民族文化用品加工、民族风味食品加工等项目。

(2)规划设计内容。主要包括资源与市场分析、项目基础条件、建设规模、建设内容、建设期、投资估算、资金筹措、效益分析等。

4. 其他特色产业建设项目

根据试点村不同的比较优势条件,可选择发展的其他特色产业有乡村旅游业(如自然景观、民族风情、观光农业、风味饮食等)、乡村建筑业、乡村服务业等,项目规划设计内容根据项目建设特点概要描述。

(六)分析产业发展效益

1. 经济效益

主要分析计算试点村各项产业产值、总产值,以反映试点村产业建设投资做出的经济贡献。

试点村各项产业产值由两部分构成,一是规划发展的重点产业产值,二是未纳入重点发展产业的全村社会产值。

2. 社会效益

社会效益主要反映试点村产业建设投资产生的社会贡献,除进行必要的综合评价外,可通过相关指标计算直观反映。如计算单位投资农产品产量增长率、单位投资农产品产值增长率、单位投资社会产值增长率、单位投资农民纯收入及现金收入增长率等指标。

3. 生态效益

生态效益可从两个方面评价,一是产业建设发展实现的直接生态环境保护、改善、提高等效益;二是经济发展、农民生活水平提高和生活习惯改善间接促进的生态效益。

(七)制定规划实施措施

规划措施制定的目的是为实施规划提供条件保障,可根据试点村产业发展特点有针对性地制定实施措施，一般分为以下几个方面：一是组织保障措施，二是技术支撑措施，三是资金筹集措施，四是产业经营措施，五是产品及市场开发措施，六是产业服务措施等。

　　注意：试点村产业发展规划是以微观实施为主体的规划，其措施应区别于宏观指导型规划，应提出针对性及可操作性较强的实施措施。附件材料见表 3-1。

表 3-1　新农村规划的附件材料

附件类型	具体内容
附表	（1）种植业主要产品产量、产值规划表 （2）养殖业（含水产）主要产品产量、产值规划表 （3）加工业主要产品产量、产值规划表 （4）其他产业主要产品（经营）产量、产值规划表 （5）产业发展总产值及构成规划表 （6）粮食、肉类总产量、构成、人均占有量规划表 （7）农民人均纯收入、现金收入及构成规划表 （8）重点建设项目投资、效益表 （9）其他需表达的规划表
附图	（1）重点发展产业建设基地（项目）布局图（必要时可按种植、养殖、加工、其他产业分别绘图） （2）重点建设基础设施布局图（必要时可按不同基础设施建设分别绘图） （3）其他需表达的规划图
附件	与规划有关的证明材料

【能力转化】

● 调查活动

收集新农村建设产业发展的实例，填入表 3-2 中。

表 3-2　新农村建设产业发展调查

时间	村庄	产业名称	主要内容	实施效果

● 简答题

1. 各小组总结当地新农村建设产业发展的典型事例，并提出自己对新农村建设产业发展的设想。

2. 产业发展规划在当地新农村建设中的作用体现在哪些方面？

项目三　现代农业和农业产业化

世界农业的发展经历了原始农业、传统农业和现代农业三个阶段。经过我国多年发展的积累，我国现代农业从无到有，由弱渐强，尤其是在城乡统筹、以工促农的一系列政策指引下，各级政府加强农业物质装备，积极转变农业增长方式，农业产业化不断发展，现代农业发展成绩显著。

一、现代农业

（一）现代农业的内涵

相对于传统农业而言，现代农业是广泛应用现代科学技术、现代工业提供的生产资料和科学管理方法进行的社会化农业。在按农业生产力的性质和状况划分的农业发展史上，现代农业是最新发展阶段的农业，主要指第二次世界大战后经济发达国家和地区的农业。

1. 内涵丰富

我国原国家科学技术委员会发布的中国农业科学技术政策，对现代农业的内涵分三个领域来表述：产前领域，包括农业机械、化肥、水利、农药、地膜等领域；产中领域，包括种植业（含种子产业）、林业、畜牧业（含饲料生产）和水产业；产后领域，包括农产品产后加工、贮藏、运输、营销及进出口贸易技术等。从上述界定可以看出，现代农业不再局限于传统的种植业、养殖业等农业部门。

传统农业主要依赖资源的投入，而现代农业则日益依赖不断发展的新技术投入。新技术是现代农业的先导和发展动力，包括生物技术、信息技术、耕作技术、节水灌溉技术等农业高新技术，这些技术使现代农业成为技术高度密集的产业。这些科学技术的应用，一是可以提高单位农产品产量，二是可以改善农产品品质，三是可以减轻劳动强度，四是可以节约能耗和改善生态环境。新技术的应用，使现代农业的增长方式由单纯地依靠资源的外延开发，转到主要依靠提高资源利用率和持续发展能力的方向上来。此外，传统农业对自然资源

47

的过度依赖使其具有典型的弱质产业的特征，现代农业由于科技成果的广泛应用已不再是投资大、回收慢、效益低的产业。相反，由于全球性的资源短缺问题日益突出，作为资源性的农产品将日益显得格外重要，从而使农业有可能成为效益最好、最有前途的产业之一。

2. 现代农业特色

相对于传统农业，现代农业正在向观赏、休闲、美化等方向扩延，假日农业、休闲农业、观光农业、旅游农业等新型农业形态也迅速发展成为与产品生产农业并驾齐驱的重要产业。传统农业的主要功能主要是提供农产品的供给，而现代农业的主要功能除了农产品供给以外，还具有生活休闲、生态保护、旅游度假、文明传承、教育等功能，满足人们的精神需求，成为人们的精神家园（图3-3）。生活休闲的功能是指从事农业不再是传统农民的一种谋生手段，而是一种现代人选择的生活方式；旅游度假的功能是指出现在都市的郊区，以满足城市居民节假日在农村进行采摘、餐饮休闲的需要；生态保护的功能是指农业在保护环境、美化环境等方面具有不可替代的作用；文化传承则是指农业还是我国5 000年农耕文明的承载者，在教育孩子、发扬传统等方面可以发挥重要的作用。

观光农业　　　　　　　　　　　　　立体农业

图 3-3　现代农业

3. 以市场为导向

与传统农业以自给为主的取向和相对封闭的环境相比，现代农业是农民的大部分经济活动被纳入市场交易，农产品的商品率很高，用一些剩余农产品向市场提供商品供应已不再是农户的基本目的。完全商业化的"利润"成了评价经营成败的准则，生产完全是为了满足市场的需要。市场取向是现代农民采用新的农业技术、发展农业新的功能的动力源泉。从发达国家的情况看，无论是种植经济向畜牧经济转化，还是分散的农户经济向合作化、产业化方向转化，以及新的农业技术的使用和推广，都是在市场的拉动或挤压下自发产生的，政府并无过多干预。

4. 重视生态环保

现代农业在突出现代高新技术的先导性、农工科贸的一体性、产业开发的多元性和综合性的基础上，还强调资源节约、环境零损害的绿色性。现代农业因而也是生态农业，是资源节约和可持续发展的绿色产业，担负着维护与改善人类生活质量和生存环境的使命。目前可持续发展已成为一种国际性的理念和行为，在土、水、气、生物多样性和食物安全等资源和环境方面均有严格的环境标准，这些环境标准，既包括产品本身，又包括产品的生产和加工过程；既包括对某地某国的地方环境影响，也包括对相邻国家和相邻地区以及全球的区域环境影响和全球环境影响。

5. 产业化组织

传统农业是以土地为基本生产资料，以农户为基本生产单元的一种小生产。在现代农业中，农户广泛地参与到专业化生产和社会化分工中，加入到各种专业化合作组织中，农业经营活动实行产业化经营。这些合作组织包括专业协会、专业委员会、生产合作社、供销合作社、公司加农户等各种形式，它们活动在生产、流通、消费、信贷等各个领域。

（二）现代农业的主要特征

1. 生产条件现代化

以比较完善的生产条件、基础设施和现代化的物质装备为基础，集约化、高效率地使用各种现代生产投入要素，包括水、电力、农膜、肥料、农药、良种、农业机械等物质投入和农业劳动力投入，从而达到提高农业生产率的目的。

2. 生产手段现代化

现代农业是物理技术和农业生产的有机结合。现代农业是利用具有生物效应的电、声、光、磁、热、核等物理因子操控动植物的生活环境及其生长发育，促使传统农业逐步摆脱对化学农药、化学肥料、抗生素等化学品的依赖以及自然环境的束缚，最终获取优质、高产、无毒农产品的环境调控型农业。现代农业的核心是环境安全型农业，如环境安全型畜禽舍、环境安全型温室、环境安全型菇房等。

3. 生产技术现代化

广泛采用先进适用的农业科学技术、生物技术和生产模式，改善农产品的品质、降低生产成本，以适应市场对农产品需求优质化、多样化、标准化的发展趋势。现代农业的发展过程，实质上是先进科学技术在农业领域广泛应用的过程，是用现代科技改造传统农业的过程。

4. 生产管理现代化

广泛采用先进的经营方式，管理技术和管理手段，从农业生产的产前、产中、产后形成比较完整的紧密联系、有机衔接的产业链条，具有很高的组织化程度。有相对稳定、高效的农产品销售和加工转化渠道，有高效率的把分散的农民组织起来的组织体系，有高效率的现代农业管理体系。

5. 生产分工社会化

具有较高素质的农业经营管理人才和劳动力，是建设现代农业的前提条件，也是现代农业的突出特征。

6. 生产产品商品化

农业主要为市场而生产，具有很高的商品率，通过市场机制来配置资源。商业化是以市场体系为基础的，现代农业要求建立非常完善的市场体系，包括农产品现代流通体系。离开了发达的市场体系，就不可能有真正的现代农业。农业现代化水平较高的国家，农产品商品率一般都在 90％以上，有的产业商品率可达到 100％。

■■ （三）现代农业的主要形态

1. 可持续农业

是将农业与环境协调起来，促进可持续发展，增加农户收入，保护环境，同时保证农产品安全性的农业，如生态农业、节水农业、有机农业、无公害农业、绿色农业。

2. 立体高效型农业

又称"层状农业"，着重于开发利用垂直空间资源的一种农业形式。立体农业的模式是以立体农业定义为出发点，合理利用自然资源、生物资源和人类生产技能，实现由物种、层次、能量循环、物质转化和技术等要素组成的立体模式的优化，如蓝色农业、白色农业、设施农业、工厂化农业，桑基鱼塘、果基鱼塘等属微观异基面立体农业。同基面立体农业指同一块田地上的间混套作及兼养动物、微生物的立体种养系统，如林粮或粮菜间作、稻田养鱼、农田插种食用菌等。合理的立体农业能多项目、多层次、有效地利用各种自然资源，提高土地的综合生产力，有利于生态平衡。

3. 观光休闲农业

观光农业又称"旅游农业"或"绿色旅游业"，是一种以农业和农村为载体的新型生态旅游业。农民利用当地有利的自然条件开辟活动场所，提供设施，招揽游客，提升旅游品质，并增加农民收入。旅游活动内容除了游览风景外，还有了解农民生活、采摘果实、体验农作、享受乡间情趣，而且可以住宿、度假、林间狩猎、水面垂钓等游乐活动。有的国家以此作为农业综合发展的一项措施。

4. 特色农业

特色农业是凭借区域独特的农业资源（地理、气候、资源、产业基础），开发区域内特有的名优产品，转化为特色商品的现代农业。特色农业的"特色"在于其产品能够得到消费者的青睐和倾慕，在本地市场上具有不可替代的地位，在外地市场上具有绝对优势，在国际市场上具有相对优势甚至绝对优势。

特色农业的关键在于"特"，具体表现在三个方面：一是唯我独存或唯我独尊，人无我有、人有我优；二是存在独特的自然地理环境条件；三是农民愿意干。

5. 工厂化农业

工厂化是现代农业的高级层次。综合运用现代高科技、新设备和管理方法而发展起来的一种全面机械化、自动化技术（资金）高度密集型生产，能够在人工创造的环境中进行全过程的连续作业，从而摆脱自然界的制约。

（四）我国现代农业运作模式

在我国的不同地区，自然条件、资源条件和社会经济条件也不同，因而在现代农业的建设和运作上，各地有着不同的探索。各地在建设现代农业的过程中探索出四种运行模式。

1. 外向型创汇农业模式

外向型创汇农业的模式是指利用沿海地区的区域优势，采取相应政策扶持龙头企业，重点发展优质种苗、特色蔬菜、优质花卉、名优水果、优质家禽和特种水产等资金和技术密集型农产品生产。生产和加工优质农产品出口，带动区域经济发展和农民增收。

2. 龙头企业带动型的现代农业开发模式

龙头企业带动型的现代农业开发模式是指由龙头企业作为现代农业开发和

经营主体，本着"自愿、有偿、规范、有序"的原则，采用"公司＋基地＋农户"的产业化组织形式，向农民租赁土地使用权，将大量分散在千家万户中农民的土地纳入企业的经营开发活动中。这种由龙头企业建立生产基地，在基地进行农业科技成果推广和产业化开发的运行模式，称为龙头企业带动型的现代农业开发模式。

3. 农业科技园的运行模式

农业科技园的运行模式是指由政府、集体经济组织、民营企业、农户、外商投资兴建，以企业化的方式进行运作，以农业科研、教育和技术推广单位作为技术依托，引进国内外高新技术、资金和各种设施，集成现有的农业科技成果，对现代农业技术和新品种、新设施进行试验和示范，形成高效农业园区的开发基地、中试基地、生产基地，以此推动农业综合开发和现代农业建设的运行模式。

4. 山地园艺型农业模式

山地园艺型农业是立体型、多层次、集约化的复合农业，在充分考虑市场条件和资源优势的基础上，确定适宜当地发展水平的产业和项目，引进先进的技术成果与传统技术组装配套，待引进技术和品种试验成熟后，采取各种有效措施在当地推广。这是我国的一些山区在发展水果产业、促进农民增收的实践上总结出来的山地园艺型农业模式。

（五）我国现代农业运作条件

1. 政府支持对实现农业现代化至关重要

经济发展的过程实际上就是工业化的过程，在此期间，如何正确处理工业和农业之间的关系，是农业能否迅速发展、农业现代化能否迅速实现的最重要影响因素。

2. 土地制度的变革是农业现代化的前提

土地制度有广义和狭义之分。广义的土地制度包括土地所有制度、土地使用制度、土地规划制度、土地保护制度、土地征用制度、土地税收制度和土地管理制度等。狭义的土地制度仅仅指土地所有制度、土地使用制度和土地的国家管理制度。

新中国成立后一个很长的历史时期内，由于特定的历史原因，人们传统上习惯把土地制度理解为狭义的土地制度。改革开放特别是实行社会主义市场经济以后，随着我国社会经济制度的不断变化和发展，人们对我国土地制度含义的理解不断深化和发展，新的观点摆脱了旧的思想观念的束缚，更强调广义的土地制度，在重视土地所有制度、土地使用制度、土地的国家管理制度的同时，更加大了对新形势下由新的土地关系所产生的新的土地制度的关注程度，如土地利用制度、土地流转制度、耕地保护制度、土地用途管制制度等。所以我国现阶段的土地制度是以社会主义土地公有制为基础和核心的土地制度，包括了上述广义土地制度的全部内容。

土地制度直接影响农村人口的经济福利以及国家政治的团结和稳定，对农业劳动生产率更是有重大影响。因此，改革土地制度，解除制度因素对农业的束缚也就成为发展农业的前提条件。

3. 按产业特性发展农业是农业现代化的基本经验

农业也是一个产业，应该按照产业的特性来发展，即以市场为导向，以充分发挥资源优势为基础，搞好产业规划和建设，推进现代农业建设，这是各国农业现代化最基本的经验之一。

4. 农业合作经济组织是农业现代化的根基

早期的农业合作主要是合作购买生产资料、进行农产品运销、举办农业信贷，后来发展到合作利用生产设备和共同完成某些生产活动。

农业合作体系的建立对于加快传统农业向现代农业的转变起着决定性的作用。我国农业合作经济组织的类型见表3-3。

表3-3　我国农业合作经济组织的类型

类　　型		特　　点
科技服务合作社		包括许多专业技术合作社和农村科研合作组织
农业流通领域合作社		其活动以流通领域为主，同时大量涉及农产品加工领域
农业互助保险与信贷合作社	农业互助保险合作社	是由成员按时缴纳一定基金或会费，分别集中到农业保险银行或互助银行内，以便使农民成员享受与其他行业一样的福利待遇
	农业信贷合作社	主要职能是为农场主提供长期、中期和短期低利率贷款
农业生产者合作社		这类合作社在西方的合作经济中不普遍，是在政府的鼓励下于20世纪60年代中期出现的，一般是成员以土地入股分红，并按月挣工资
服务性合作社		主要是为提高农村经营管理水平和农民生活的现代化服务

5. 完整的农业技术推广体系是现代农业的基本保障

农业技术推广体系是农业科技成果转化与应用的载体，直接关系到农业增产和农民增收。应加强基层农业技术推广体系建设，切实把农业发展转移到依靠科技进步和提高劳动者素质的轨道上来，加大传统农业改造力度，加快现代农业发展步伐。

6. 专业化、一体化和社会化是现代农业发展的基本方向

在农业现代化过程中，发达国家不仅重视农业技术现代化，也十分重视农业组织管理现代化，都大力推行农业专业化、一体化、社会化。

二、农业产业化

■ （一）农业产业化的内涵

农业产业化是指农业由传统农业向现代农业演进的过程，是现代农业的基本组织形式和经营方式，具有市场化、区域化、专业化、质量标准化、管理企业化和经营一体化的特征。

农业产业化经营是以市场为导向，以龙头企业为依托，以家庭承包经营为基础，以系列化服务为手段，实现农工商有机结合，各参与主体间形成关联的利益共同体。

■ （二）农业产业化模式

当前我国农业产业化经营组织形式主要有：龙头带动式、"一乡一业"与"一村一品"式、农科结合式、各类专业合作社式等。从参与农业产业化经营的利益主体之间的关系划分，主要有三种基本模式：

1. 合同（契约）型组织模式

● **直接结合型** 具体模式为"公司＋农户"，实施农业产业化经营的农产品加工或流通企业（公司）直接与从事农产品生产的农户签订合同。企业为农户提供产前、产中、产后一系列服务，实行农产品保护价收购政策；农户定向生产、定向销售，为龙头企业提供稳定的批量原料、资源。

● **间接联合型** 具体模式是"龙头企业＋中介组织＋农户"，龙头企业同各种类型的中介组织签订购销合同，中介组织再与农户签订产销合同。

2. 合作社组织模式

农户根据合作社原则自愿组成各种类型的合作经济组织，由全体成员共同完成从生产资料供应到农业生产再到农产品销售这一产业化经营过程。组织内部实行有偿服务。

3. 企业经营组织形式

（三）新农村建设中推进农业产业化的对策

党的十五大和十六大明确提出积极发展和推进农业产业化经营的要求后，我国农业产业化经营快速发展，产业化经营组织数量增加，龙头企业壮大，服务组织成长，利益联结机制建设完善，带动农户就业增收能力增强。要做好以下工作，推进农业产业化发展：

- 为农业产业化创造良好的外部环境和条件。
- 强化龙头企业的带动功能。
- 以农业标准化推动农业产业化。
- 以加快土地流转促进农业产业化。
- 以科技进步推进农业产业化。

【能力转化】

- 调查活动

1. 收集当地新农村建设发展现代农业的资料，填入表 3-4 中。

表 3-4　新农村建设现代农业发展调查

现代农业项目	主要内容	实施时间	实施效果

2. 收集不同地区农业产业化的发展状况，填入表 3-5 中。

表 3-5   新农村建设农业产业化发展调查

模式	主要内容	实施时间	实施效果

● 简答题

1. 如何理解农业产业化发展的现实意义？
2. 谈谈你对现代农业的理解。

单元四 村庄总体布局规划和整治规划

【教学目标】

● 知识目标

1. 明确编制村庄总体规划的原则和编制规划应收集的资料；
2. 掌握确定村庄性质的方法；
3. 掌握整治空心村的措施。

● 能力目标

1. 能够全面收集资料，正确确定村庄的规模、合理布局村庄形态并进行村庄总体布局规划的编制；
2. 能够熟练掌握村庄总体布局规划的程序；
3. 能够正确进行空心村整治，科学编制村庄整治规划。

● 情感目标

1. 通过学习，培养责任心、道德观以及实际动手的能力；
2. 培养细致耐心、考虑全面的做事风格，提升职业技能；
3. 培养创新精神以及与人沟通和综合实践的能力。

项目一 村庄总体布局规划

村庄总体布局规划是结合国民经济发展规划、城镇规划、城镇经济和社会的各项发展规划，以当地自然条件、社会资源、历史和现状为依据，对全村辖区范围内的土地进行合理配置，对村庄主要建设项目进行全面合理规划布局。

一、村庄总体布局规划前期准备

(一) 确定村庄性质

1. 确定村庄居民点的分级

在村庄规划区域内，根据实际情况，确定村庄的分布形式是"三级"（中心村、基层村、自然村）还是"二级"（基层村、自然村）分布等。

2. 制定村庄布局方案

结合当地的基本农田基本建设规划制定村庄布局方案。首先要结合当地自然资源的分布情况、村庄道路网的分布现状、当地的土地利用规划以及乡镇工业、牧业、副业规划等，进行各级村庄的布点规划，然后在地形图上确定各村庄具体位置，以便做到山、水、田、林、路、村庄全盘考虑，科学规划，综合治理。

3. 确定村庄性质

通过评价与分析村庄的自然、经济和社会条件，按照尊重历史、研究现状、展望未来的原则，最终确定村庄的性质，如经济发达、社会和谐、环境优美的村庄，改扩建型为工矿型中心村等。

(二) 明确村庄发展目标

根据国家、市、县、乡镇和社会发展计划，以及村庄的历史、自然条件和社会经济条件，合理确定村庄的性质和规模，进行村庄的结构布局，做到布局合理、功能齐全、交通方便、设施配套、居住舒适、环境优美、各具特色，以获得较高的社会、经济和生态效益，实现村庄的和谐、健康发展。

(三) 了解影响村庄发展的因素

1. 风险性生态要素

风险性生态要素是指那些直接影响村庄居住安全和居民生存的生态要素，它将限制村庄的发展。受这些要素影响的地区包括：地质灾害危险与水土流失严重地区、地下水严重超采区、洪涝调蓄地区、基础设施防护地区，对于这类地区应采取相应的防护措施，以保证村庄和居民的生存安全。

2. 资源性生态要素

资源性生态要素是指那些直接影响资源保护、生态环境以及保障村庄职能要求的生态要素。受这些要素影响的地区包括：水环境与水源保护区、绿化保护地区、文物保护地区等，对于这类地区应采取相应的防护和限建措施，以保证城乡资源环境的可持续发展和村庄功能的实现。如地表水源一级保护区内禁止村庄建设，现状村庄应逐步搬迁，并应在搬迁全部完成之前，严格监督污水、垃圾的排放和处理情况。

3. 村庄规模

村庄规模过小，就会造成配套设施的建设成本增大、效益降低，尤其位于偏远山区的超小型农村居民点，公共设施配套困难，农民生活不方便。因此，要根据农民的意愿和经济发展情况，适当迁并一些超小型农村居民点，减少自然村的数量，促进农村居民点的合理整合，便于优化配置各种资源，并得到充分合理利用。

4. 管理体制

对城中村和城边村的管理不到位会造成很多问题，影响村庄的发展。表现在：私房违章建筑数量较大，建筑面积严重超标；房屋及市政建设问题严重，房屋质量不高，市政设施不完善，灾害隐患严重；土地利用粗放，对违章建房的管理失控；污染情况严重，环境质量较差，往往存在脏、乱、差现象；社会问题严重，容易造成产权改革、规划开发、拆迁补偿等多种难题等。

■ （四）重视村庄发展的注意事项

1. 因地制宜，加强自然资源的保护和利用

村庄作为农民世世代代生活的场所，许多村庄的选址都巧借自然山水、地形地势，村庄形态与自然地貌有机结合，与大地共生，形成独特的村庄特色。

2. 传承历史，加强传统风貌的保护和延续

许多村庄历史悠久，村落布局和建筑形态别具一格，反映了农民的生活方式和审美情调，展现了人类与自然和谐共生的优美景象，在村庄规划发展中，要注意保护和延续。

3. 加强传统文化的保护和发扬

随着城镇化的迅猛发展，农村人口快速向城市转移，很多村庄出现"空心化"和"老龄化"现象。因此，在保持村庄特色的同时，要积极改善农民的生产、生活条件，加强村庄传统文化的保护和发扬，增强村庄的文化吸引力，将文化产业、服务业、旅游业有机结合起来，促进村庄经济的发展和良性循环。

4. 加强历史文化资源保护

对于有特色的历史村落，尊重历史、延续风貌、突出特色是村庄发展的重

中之重。在新农村建设中，对于传统风貌特色明显的村落，要积极予以保留、保护并加以延续，结合旅游，合理开发利用；对于有保护价值的历史村落，要将村落保护和城市化建设有机结合，使传统文化与现代生活和谐共存。

■■■■ （五）确定村庄的规模

村庄规模与村庄类型和布局形式有关，受地区的自然条件、交通、人口密度以及其他社会经济条件影响。耕作半径和生产、管理水平也会制约村庄的发展，影响村庄规模。村庄规模过大，耕作半径就会过大，从而超过生产力水平的要求，致使生产管理水平跟不上，对生产不利。因此要兼顾有利于生产和方便农民生活两方面的要求，因地制宜地确定村庄规模。

1. 估算村庄人口规模

村庄人口规模是指在一定时期内，村庄所有人口的总数。它是村庄总体规划的基础指标和主要依据之一，影响着村庄用地的大小、建筑类型、生活服务设施的组成和数量、交通运输、市政基础设施等。

村庄人口规模采用综合增长率法预测。综合增长率法是指根据近几年村庄人口增长规律及年龄构成情况，综合考虑人口自然增长和机械增长两个方面以及各规划阶段的要求进行预测的方法。村庄的规划人口规模计算公式为：

$$N = A \times (1+K)\ n + B$$

式中　　N——村庄规划人口规模（人）；

　　　　A——村庄现有人口数（人）；

　　　　K——规划期内人口年平均自然增长率（%）；

　　　　n——规划年限（年）；

　　　　B——规划期内机械增长人数（人）。

随着经济的发展和产业结构的调整，村庄中的农村剩余劳动力，一部分就地吸收，从事手工业、养殖业和加工业，还有大部分农村剩余劳动力转移到城市中去务工经商。因此，对村庄来说，机械增长人数应是负数。

2. 估算村庄用地规模

村庄用地规模是指村庄的住宅建筑、公共建筑、生产建筑、道路交通、公用工程设施和绿化等各项建设用地面积总和，一般以公顷表示。村庄用地规模与村庄人口规模、建筑项目和建筑标准以及各类建设用地标准有关。

在进行村庄用地选择时，通过估算用地规模，可以大致确定村庄规划期末需要多大的用地面积，为规划设计提供依据。

（1）影响村庄用地规模的因素（表4-1）。

表 4-1　影响村庄用地规模的因素

因　素	影　响
村庄性质	村庄的性质和经济结构影响村庄的用地构成和用地规模。如工矿型村庄中工业用地较多；中心村的公共服务设施要为周围地区农村服务，其公共服务设施用地就要大
人口规模	村庄人口规模大，居住面积就会增大，致使用地规模增大
村庄布局	村庄的布局会影响用地面积。一般情况下，紧凑布局要比分散布局节省村庄用地；团状集中式布局比带状布局可以节省道路用地，从而节省村庄用地
自然地理条件	在平原地区的村庄布局一般比较紧凑，占地少；山区、丘陵地区的村庄布局相对松散，占地较多
其他	村庄的主导风格、地理位置、地形地貌状况、村庄用地的历史情况和新建项目用地指标等都会影响村庄用地规模

（2）估算村庄用地规模。规划期末村庄用地规模估算，可以用下列公式计算：

$$F = N \times P$$

式中　F——规划期末村庄用地规模（公顷）；

　　　N——村庄规划人口规模（人）；

　　　P——人均建设用地面积（米^2）。

人均建设总用地面积与自然条件、村庄规模大小、人均耕地多少密切相关，应根据全国各地已经编制的用地指标，结合本地区实际的村庄规划定额指标来确定。

二、村庄总体布局规划的编制

（一）编制规划遵循的原则

1. 因地制宜，量力而行

要确定村庄整治的目标和模式，必须根据村庄的社会经济发展水平，结合村庄的自然地理环境，兼顾农民的经济承受能力和实际需要，以有利生产、方便生活为目的，量力而行，因地制宜。

2. 统筹规划，节约用地

统筹规划就是要处理好近期建设与远期发展、改造与新建的关系，使村庄的性质和规模同村庄的经济发展水平相适应，使村容村貌和生态环境相协调，使现有设施得到充分利用，分散和共享相结合布局。节约用地就是要充分挖掘原有村庄用地的潜力，严格控制建设占用耕地，尤其是基本农田，使村庄用地合理化、集约化。

3. 讲究科学，突出特色

编制村庄规划，要结合村庄的自然条件、历史文物和传统特色，保护村庄的历史文化遗产，同时要注重体现出村庄的特点，传承地方历史文化。其次要保护村庄的自然环境，创造出环境优美、人与自然和谐相处、具有地方特色的村庄景观。

4. 生态优先，可持续发展

保护村庄的自然和社会环境，防治环境污染，消除公害；同时加强绿化建设，防止水土流失，改善村庄的生态环境，提高人们的生活质量和环境质量，实现可持续发展。

（二）编制规划需要的资料

经济的发展促使农民的生活水平不断提高，信息的快速流动改变了农民的生活观念，生活质量也随之提高。原有村庄布局散乱、基础设施滞后、公共设施无法配套、环境脏乱差、"有新房、无新村，有新村、无新貌"，这样的村庄布局已经不能适应农村现代生活或生产的需求。所以，在新农村建设中，必须坚持规划先行，即通过收集资料，深入调查、分析和研究村庄现状和周围环境，对村庄未来的发展做出合理的规划和布局。编制规划时，需要收集以下资料：

1. 自然和历史资料

（1）地形。村庄地形图和村庄所在乡镇范围的现状图：图上要注明村庄的地理位置、用地范围；与邻村的村庄界线；相邻村庄、乡镇的交通联系；村域范围内的名胜古迹、各居民点、厂矿、河流、湖泊、水库、高压输电线路和各种工程设施等。目的是了解村庄的地形和地貌以及农业耕地的利用情况等。

（2）气象资料。包括年均降水总量、暴雨概况、时段降雨和相对湿度；历年和各个季度的主导风向、风向频率、平均风速；积温、常年平均气温、日照、自然灾害等情况。

（3）水文资料。包括江、河、湖泊的常年水位；河流的流速、流量和泥沙；最高洪水水位、历年的洪水频率、淹没范围及面积；地下水的流向、蕴藏量、泉眼位置及水质状况等。

（4）地质资料。包括工程地质、水文地质等，如土壤承载力的大小及其分布，以及冲沟、滑坡、沼泽、盐碱地、岩溶等的分布范围；地下水、地下水污染区域、地方病区域等水文地质调查资料。

（5）村庄历史沿革。包括村庄的历史成因、年代、沿袭的名称；村庄内的历史文化名胜；各历史阶段的人口规模；村址扩展与变迁；对外交通条件；村庄行政隶属的变迁；村庄兴衰的变化情况；村庄发生的重大历史事件等。

2. 社会和经济资料

（1）自然资源资料。包括村庄规划范围内的矿藏、水力以及各类农作物、农副业和建筑材料等资源的分布、数量、开采利用价值和发展前景等。

（2）人口资料。包括村庄规划范围内现有的总人口数、总户数、平均每户人口数；历年的人口自然增长率与机械增长率、计划生育政策的执行情况；年龄构成比例；村庄人口的职业分析；文化程度的比例；性别比例；男女劳动力的数量和质量以及每年新生劳动力的增长情况；人口分布及空间转移的趋势等。

（3）农业、工副业生产情况和发展计划资料。包括县域农业区划，土地利用总体规划和村庄所在县的经济、社会发展规划资料；农业总产值和平均亩*产值、农林牧副渔业的生产情况；工副业生产项目、生产的产品及生产规模（产量）、原料来源、产品销售情况、运输方式等。

（4）文化教育事业资料。包括各类学校的分布情况、规模、学生人数和来源；学校建筑及文化设施项目和利用情况；存在的主要问题和今后发展计划等。

（5）交通运输业资料。包括村庄与村庄之间的交通运输量和流向；铁路、公路运输情况及使用情况、村庄机动车和非机动车的拥有量、主要道路的日交通量；当前存在的问题以及发展计划等。

（6）医疗卫生事业资料。包括现有医疗设施的分布情况、规模大小、卫生服务状况等，存在的主要问题和今后发展计划等。

（7）商业服务事业资料。包括各种商业服务项目如理发店、商店等的分布情况、规模大小，存在的主要问题和今后发展计划等。

（8）村庄土地利用资料。村庄现有土地总面积；生产建筑用地、住宅建筑用地、公共建筑用地、交通运输用地、绿化用地、公共服务设施用地以及其他用地的面积和各类用地所占的比重等。

（9）农民生活水平和购买力资料。包括村民的经济条件，年均人收入和基本生活支出，农民的购买力及其对商品的需要等。

3. 其他资料

（1）村庄现有建筑物的状况。村庄现有建筑物的分布、面积、层数、质

---

* 亩为非法定计量单位，1 亩≈667 米²。——编者注

量、建筑密度等；人均居住面积、历年修建的建筑物数量和结构、村庄名胜古迹的状况等。

（2）村庄各项工程和公用设施资料。包括排水、防灾、供电、通讯、道路、桥梁等公共设施的数量、位置、质量和利用状况等。

（3）村庄环境保护资料。包括村庄内污染物的种类、数量、分布和危害程度；污染源的位置及其概况；所采取的污染物处理方式等。

（三）资料收集的方法

1. 拟定调查提纲
熟悉所需资料的内容及其在规划中的作用。拟定调查提纲，明确调查重点。设计调查表格。

2. 召开各种形式的调查会
组织各部门负责人，召开调查会。召开专题调查会，进行补充调查。

3. 现场调查研究
现场调查，掌握第一手资料。召开座谈会，逐项核对。针对自然灾害资料，召集当事人，收集相关资料和照片。现场调查要做到"三勤二多"，"三勤"即腿勤、眼勤和手勤，"二多"即多问和多想。

（四）影响村庄总体布局规划的主要因素

村庄总体布局规划是要统筹合理安排村庄各主要组成部分的用地，使其各得其所，有机联系，达到方便村庄居民生产和生活的目的。影响村庄总体布局规划的主要因素见表4-2。

表4-2 影响村庄总体布局规划的主要因素

因　　素	具体内容
生产力分布	如周围村庄的性质、规模、乡镇规划对村庄的要求及其在周围村庄体系布局中的地位和作用等
资源状况	如矿产、森林、农业土地等资源条件和分布特点
自然环境	如地形、地貌、地质、水文、气象等条件，对村庄的布局形态具有重要影响
村庄现状	包括人口规模的现状，人口构成和比例，用地范围、工业、经济及科学技术水平等
建设条件	基础设施的建设情况和公共服务设施状况等

（五）村庄用地组织结构规划的基本原则

1. 布局紧凑

村庄布局要紧凑，有利于节约用地，有利于充分利用公共服务设施。即以旧村为基础，由里向外，集中连片发展。

2. 结构完整

村庄总体规划要保持用地规划组织结构的完整性，还要考虑村庄的远期发展，以满足村庄未来的发展和预期需要。

3. 弹性适当

规划有一定期限，在规划期内，有很多可变因素和未预料的因素。所以，必须在规划用地组织结构上给予一定弹性，在布局和用地面积上留有充分的余地。

（六）村庄总体布局规划的程序

村庄总体布局规划的程序见图 4-1。

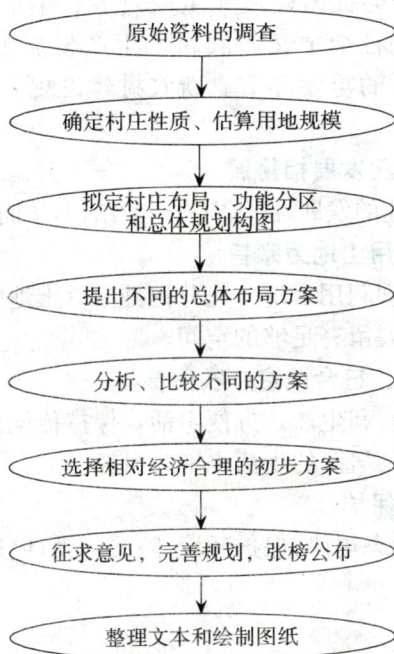

原始资料的调查

确定村庄性质、估算用地规模

拟定村庄布局、功能分区和总体规划构图

提出不同的总体布局方案

分析、比较不同的方案

选择相对经济合理的初步方案

征求意见，完善规划，张榜公布

整理文本和绘制图纸

图 4-1　总体布局规划的程序

（七）村庄用地布局形态

1. 圆块状布局形态

生产用地与生活用地之间的相互关系比较好，商业和文化服务中心的位置较为适中。

2. 弧状布局形态

村庄布局因自然地形而形成。在规划时，应尽量防止再向纵向延伸，最好利用一些坡地，横向发展。

3. 星状布局形态

村庄由里向外发展，向不同方向延伸而形成。规划中，要注意各类用地的合理功能分区。

（八）村庄总体布局规划的基本要求

1. 规划应促进农村经济发展

党的十六届五中全会提出建设"生产发展、生活宽裕、乡风文明、村容整洁、管理民主"的社会主义新农村。生产发展就是要打牢物质基础，是建设社会主义新农村的重要环节。新农村建设规划首先要促进农村经济发展。

2. 规划应与农村产业发展相协调

规划要促进农村产业的发展，优化农村产业结构，从而促进地方经济的发展。

3. 规划应以集约利用土地为宗旨

通过规划，科学合理利用土地，充分挖掘原有土地的潜力，提高土地利用效率，为农村的长远发展留有足够的空间。

4. 规划应尊重民权、符合民意、农民参与

规划要因地制宜，有利生产，方便生活，保持传统村落原有的自然和地域特色，符合民意，以提高居民的生活水平为目标。

5. 规划要注意环境保护

规划要科学，符合生态规律，保护环境，防治污染，创造良好的生态环境。

三、编制村庄总体布局规划的方法

（一）规划集中的产业园区

1. 标准化

按照坚持标准、体现特色的要求，切实规划和建设好产业园区；产品要符合国家安全标准。

2. 规模化

结合农村产业结构的调整，充分整合农村资源，加快优势产业和特色产业向园区聚集。

3. 企业化

用企业的管理理念、管理制度、管理模式、管理方法对园区进行有效管理。

（二）迁村并点，空间调整

通过迁村并点，适当调整区域土地，提高区域土地利用的合理性和土地的集约利用水平。

（三）合理选址，科学规划

科学选址，避开泥石流、洪水等自然灾害易发生的区域。保护环境，减少对自然生态环境的破坏。

【能力转化】

● 调查活动

1. 不同的规划资料应该到哪些部门去收集？收集并填入表 4-3 中。

表 4-3　村庄总体布局规划资料调研

调查资料分类	资料内容	调查部门

2. 调查村庄人口规模和用地规模，填入表 4-4 中。

表 4-4　村庄人口和用地规模调研

调研村庄	人口规模	用地规模	个人意见

● 简答题

1. 编制规划的原则有哪些？

2. 分析表 4-4 的调查资料，这些村庄规模是否合理，如何改进？

3. 调查收集村庄布局形态的文字、图片资料，并分析采用这种布局的原因。

项目二　村庄整治规划

村庄整治是社会主义新农村建设的核心内容之一，是惠及农村千家万户的德政工程，是立足于现实条件缩小城乡差别、促进农村全面发展的必由之路，是社会主义新农村建设的基本要求。通过村庄整治，可以改善群众的生产和生活条件，提高广大农民的生活质量，改善农村的人居环境，开创新农村建设的新局面。

一、村庄整治规划的编制

（一）村庄整治的原则

村庄整治是对农村居民生活和生产聚居点的整顿和治理，是对已经建成的村庄在房屋、基础设施和环境等方面进行综合的治理。村庄整治必须遵循以下原则：

1. 节约用地，保护耕地

村庄整治要充分利用原有建设用地，挖掘土地潜力，提高土地利用率，严禁浪费土地的现象发生；严格保护耕地尤其是基本农田，以保证耕地总量动态平衡。

2. 统筹兼顾，远近结合

村庄整治既要立足现状，拟定定期改造的内容和具体项目，又要符合村庄建设的长远发展，体现出远期规划的意图，做到高起点、远目标、可操作。

3. 因地制宜，量力而行

村庄所处地理位置不同，自身条件不同，改造的难度也不同。因而村庄整治必须与当地的实际情况相结合，从实际情况出发，针对不同情况，因地制宜，实施不同的整治措施。

村庄整治应兼顾当地的经济状况，不能一刀切。改造方案在不侵害原有居民的合法经济利益的前提下，要具有经济的可操作性。

4. 继承传统，发展特色

在旧村的改造建设过程中，要注意保护与继承能反映其风貌特色、具有传统文化特点的建筑和空间环境。同时，结合其传统特征进行统一和协调，形成具有地方文化特色的、整体和谐的村庄环境。

5. 合理利用，逐步改善

首先要合理和充分利用原有村庄的基础，如近几年新建的住宅、公共建筑及其他公共设施等，并给予保留，尤其是村庄内的果园、池塘等有价值的用地，应结合自然条件状况给予保留。

（二）村庄整治规划的目标

村庄整治规划是指导和规范村庄居民点旧设施和旧面貌的修建性详细规划，是对现有村庄各要素进行整体规划与设计，保护乡村特色，挖掘土地发展潜力，保护生态环境，推动农村社会、经济和生态持续协调发展的一种综合规划。

村庄整治规划的目标是确定村庄整治的规模、范围和界限，明确整治的重点、时序、组织领导方式和费用分担模式；具体安排村庄住宅和供水、供电、道路、绿化、环境、排水等以及其他配套设施的整治项目。通过规划和整治，改善村庄环境，完善基础设施，改善居住条件，实现三大效益统一、规划统一、配套建设、布局合理、设施齐全的新农村建设的宏伟目标。

（三）村庄整治规划的基本要求

针对村庄现状环境质量差，出现"有新房、无新村，有新村、无新貌"等问题，提出村庄整治规划的基本要求：

1. 以人为本，广泛征求群众意见

规划要体现出以人为本的宗旨，由群众参与评价规划方案，由农民自主决定"整治什么，怎么整治，整治到什么程度"等村庄整治问题。

2. 弘扬传统文化，维护乡土特色

注重自然生态环境的保护，保持原有村落格局，维护乡土特色，展现民俗风情，弘扬传统文化，倡导文明乡风。村庄的自然生态环境具有不可再生性和不可替代性等基本特征，整治过程中要注重保护自然生态环境。如有些村庄有独特的地理环境，自然风貌，能形成自己的特色，为村庄带来社会经济效益，就要充分利用自然地理优势，灵活布置，和自然环境和谐共融，丰富村庄建设的文化内涵，突出地方特色。

保护古村民居、建筑文化，发展乡村旅游，增加农民收入，形成一个带有本土文化气息的生态型新农村。村庄建筑的改造与设计遵循村庄原有的风景与自然环境，在保持乡土气息的同时追求现代感。建筑造型简洁朴素，在色彩上做到协调，与周边环境相融合，在建筑材料上使用砖、木材、灰瓦等地方性材料，充分体现村庄的乡土气息。

3. 因地制宜，采取符合实际的解决方案

应该结合当地农村的经济状况，合理选择具体的整治项目，不能大拆大建，杜绝"负债搞建设"。

4. 综合考虑村庄发展的各种需求，合理布局

提倡就地取材，厉行节约，重点整治农村公共设施项目，完善村庄内路网系统和基础设施。

（四）村庄整治规划的主要内容

村庄整治规划主要内容包括经济发展、村庄布点、基础设施配置、服务设施完善四个方面。

1. 明确产业

明确村域产业发展定位，以解决经济发展缓慢问题。

2. 确定标准

确定村庄建设用地标准，以解决村内建设中农民建房占地大的问题，切实节约土地。

3. 村庄定点

村庄分布定点，重点明确拆除迁建的村庄，控制发展村庄和扩大发展村庄，以解决村庄分布零散的问题。提出传统建筑文化保护的措施，同时对村庄提出主导色彩控制要求。

4. 配齐基础设施

重点是道路、水利沟渠、人畜供水与排水、供电、通讯和电视、环卫设施等，以解决基础设施残缺，村容环境脏乱差等问题。提出人畜饮水解决的方案，重点解决村庄固定水源，确保饮水水质。明确雨水和生活污水排放方式和生活污水处理意见。合理选定村道和宅前道路的走向、标高和建设标准，确定路面硬化材料。提出公共水面的利用和改造方案，明确相应的保护措施。

5. 完善公共设施

逐步完善公共设施，重点完善文化室、小学与幼儿园、卫生室和小商店、杂货店等。合理布局公共活动广场、建筑小品和文化娱乐设施。

6. 确定环境保护、防灾等各项措施

确定减灾防灾措施，提出地质灾害、洪灾、风灾、火灾等常见灾害的防治办法。合理布局公共厕、家用厕、禽畜粪便收集点、垃圾收集点等环卫设施,并制定相应的管理措施。对人畜混居的农户提出整治建议,对严重影响村容村貌的建筑提出整治措施,同时对入村标志性建筑物和公共活动场所提出装修美化方案。

（五）村庄整治规划的程序

1. 准备工作

收集相关的资料，制作表格，制订计划。收集 1：10 000 村域地形图和土地利用规划图；1：1 000 至 1：500 近期测量的村庄地形图；制作资料收集的提纲与调查表格；拟订工作计划。

2. 现场调查

了解村民的意愿，宣传村庄整治规划的相关政策，核实所收集的资料和现场资料是否一致，并补充资料。

（1）补图。将近几年建设的水利、道路、电力、电信等设施补充到 1：10 000村域地形图上，并按土地利用规划中的用地分类标准标明土地利用情况。

（2）农户调查。了解农户意愿和关心的主要问题，同时宣传新农村建设的政策。

（3）调查各项社会经济指标。主要有人口结构（按年龄、教育程度、从业类别分别统计）、经济收入、产业发展现状等。

（4）调查基础设施建设情况（路、水、电、公共设施）。

3. 提出方案

（1）制定目标。主要有产业目标、生态目标、环境卫生目标和设施建设目标。

（2）确定整治内容。成立村民规划小组，通过入户访谈、座谈讨论、问卷调查等形式，广泛征求村民意愿，结合当地实际情况，合理确定整治内容。主要有土地利用整治，破旧房屋整治，完善基础设施、配套公益设施，实施环境卫生整治和庭院绿化美化。

（3）制定解决问题的具体措施和途径。

（4）按项目分类进行工程量统计、建材数量的确定和投资预算。

（5）对投资预算进行分解，明确政策需帮扶的资金、农民投工投劳资金、需社会筹集的资金等。

可以提出多个方案并进行比较，选定最佳方案。

4. 编制规划

根据方案，编写规划纲要和绘制规划草图。

5. 专家讨论，完善规划

将村庄整治方案向村民通报，反复征求意见，同时提请政府组织专家评审，根据评审意见结合补充材料对规划进行修改完善。

6. 正式成果

绘制村庄整治规划图，编写规划文本并上交，形成正式成果。

二、村庄整治规划的实施

（一）村庄整治规划的主要成果

村庄整治规划主要成果有"三图二表一说明"。即村庄现状图、村庄整治规划图、村庄基础设施规划图、主要指标表、行动计划表和整治规划说明书。

1. 村庄现状图

比例尺 1：1 000 至 1：500，现状图应标明村庄的自然地形地貌、江河水面、道路、工程管线等，各类建筑的范围、性质、层数、质量等。

2. 村庄整治规划图

比例尺1：500至1：1 000，规划图纸要标明硬化道路、宅前小路、排水沟渠、公用水塘、集中供水、集中活动场所、集中绿地、集中畜禽舍圈、保留民房、保留祠堂、拆迁民房、违规民房、公共厕所、垃圾集中堆放点等。新增加的建设用地必须明确标注"四至"范围，并指出其属性，包括村外散户迁建、村内拆迁新建、新增本村村民宅基地等。数量较多的整村迁建应明确拟迁建的村名和户数。

3. 村庄基础设施规划图

比例尺1：500至1：1 000，设施图应标明道路红线位置、横断面、交叉点坐标标高，给水管线走向、管径、主要控制标高，排水沟渠的走向、宽度、主要控制标高，配电线路走向和有线电视线路，以及其他有关设施和构筑物的位置等。

4. 主要指标表

包括村庄人口、村庄户数、公共设施和基础设施建筑面积、农房拆除率、农房保留率、道路建设或硬化面积、改建沟渠长度、保留空地（含自然状况与绿化用地）、集中的畜禽圈舍建设面积等。

5. 行动计划表

包括整治项目清单、项目具体内容、投资额、政府补助情况、项目用工量、村民申报类型、村民选择程度、开工完成时间等。

6. 整治规划说明书

包括现状条件分析与评估、土地利用情况、设施情况、相关村庄情况等；规划人均建设用地标准；公共设施、基础设施、农房建设和村庄绿化基本原则和要求；选择正确整治项目的依据及原则，整治项目的工程量及投资估算，基础设施的施工方式及方法；实施规划的保障措施以及整治后项目的运行维护管理办法等有关政策建议，需要说明的其他事项等。

（二）村庄整治规划说明书的内容

1. 前言部分

说明规划的背景，编制的主要过程，包括委托、论证、修改和审批的全过程及其他需要说明的问题。

2. 总则部分

制定规划的依据、原则与目标；确定规划的适用范围和重点；明确规划执行主体和管理权限及规划期限等。

3. 现状概况与规划分析

阐述现状概况，分析提出存在的问题及发展优势；明确村庄功能定位与发展目标，进行人口与用地规模预测，初步计算人均用地指标。

4. 基础设施

（1）道路交通。明确对外铁路、公路与村庄道路的关系，内部规划道路的功能及等级，道路技术标准、红线宽度、停车场的布置等。

（2）给排水。阐述原有给排水设施状况，说明用水标准，预测总用水量，明确水源、水质、排水、管线管径、走向等。

（3）电力电信等。预测用电负荷；村庄电源的选择是否合理，电源的位置、方向、电压等级，供电范围；电信线路的布置和站址选择等。

（4）环境卫生设施。明确村庄生活垃圾的处理方式和去向等。

（5）防灾减灾。明确灾害的防治以及防洪、防震等方面的标准；村庄居住区和公共服务设施的设置安全等。

5. 公共服务设施

确定公共服务设施项目、规模及用地安排等。

6. 公共绿地与生态环境保护规划

确定村庄绿化的设计原则以及绿地的布置位置、规模和范围。

7. 历史文化与景观风貌保护规划

对历史文化古城，明确保护的范围，提出保护、开发的规划措施。

8. 村庄整治规划主要指标表

9. 村庄整治行动计划表

（三）村庄整治规划编制评审程序与成果验收

1. 评审程序

村庄整治规划是一项政策性强、投资渠道广、具有很强的可操作性的全社会建设新农村的行动准则，它的政策性和可操作性是规划编制的基本要求。

（1）方案汇报会。会议由乡镇政府主持，参加人员由乡（镇）分管领导、村委会干部、村民组长和若干村民代表组成。会议要宣传党和国家有关政策，进一步收集村民新的意愿，重点要解决规划方案是否符合实际情况、村民意愿和可实施性问题；会议还要解决现代思想观念与地方传统思维及习俗相矛盾的问题。通过该程序，基本可形成村庄整治的共识。

（2）成果评审会。会议由县新农村领导小组或相关职能部门主持，参会人员由相应专家、上级相关部门领导、新农村领导小组成员、相关职能部门负责人及技术管理人员、乡（镇）分管领导、村委会负责人等组成。会议重点解决规划的政策和技术方面的问题；会议对未落实的政策进行补充，对经济不合理、技术不科学的问题进行校正；会议对缺乏前瞻性的问题和缺漏规划内容进行弥补完善。通过该程序，使规划编制成果达到内容齐全、技术经济合理、政策落实到位、地方特色突出的目标。

2. 村庄整治规划验收

验收内容包括说明书、图纸、整治项目统计表。

（1）说明书。是否明确了产业发展方向及相应的产业空间布局；是否提出村庄拆迁、控制发展和扩大发展的构想；基础设施与公共设施的配置是否缺项。

（2）图纸。村域综合现状分析图是否划分了用地类别，基础设施、公共设施及特色资源标注是否漏项；村域综合整治规划图是否调整了用地类别范围，村庄的发展是否界定，产业基地标注是否漏项，公共设施和重要基础设施标注是否缺项等；村域基础设施整治图是否区分了村道，是否注明了饮用水源保护范围和集中供水厂的位置、高位水池位置等，是否标明供水管、电力电信、水利设施走向，是否明确了给水处理设施位置和垃圾处理场位置等。

（3）整治项目统计表。统计项目是否缺项，是否因地制宜地增加了统计项目。

（四）村庄整治规划的实施

1. 村庄整治规划的实施

村庄整治规划是村庄各项整治与建设项目的综合部署，主要任务是协调解决众多项目在用地空间、整治时间、建设标准、资金投放等方面所产生的矛盾，以确保各项整治工作有序高效地进行。规划中的某些内容可以具体实施，但多数内容还是要通过具体设计才能实施，特别是基础设施整治建设内容。因此，我们不能把规划简单理解为指导具体实施的蓝图，也不能把投资估算看成是固定的数据，村庄整治投资是随具体工程量的变化而变化的。

（1）广泛宣传，发动群众。通过广播、电视等宣传媒体，多渠道多形式地宣传新农村建设的重要性，营造浓厚的舆论氛围，使农民积极参与规划，在整个规划过程中征求农民的意见，尊重农村的风俗和习惯，力求规划切合实际，让农民接受规划。通过宣传，普及村镇规划知识，提高干部群众的法律意识，使农民了解、支持、参与和监督村镇规划工作，激发他们改变家园的信心和勇气，树立新的居住、生活、卫生观，主动整治与建设自己家园，积极投身到社会主义新农村建设实践中。

（2）积极组织公益项目实施。一方面积极组织农民投工投劳实施清垃圾、清污泥、清理路障等环境卫生整治工作，同时建立相应的卫生管理制度；另一方面积极申请公益项目整治的扶助资金，适时实施供水、排污、道路等基础设施整治建设。根据规划和实际情况，开展改厕、改灶、改猪圈、禽棚和院落硬化、入户硬化等工作。实施人畜分离，美化住房景观，建设相应的辅助设施等。

（3）建立管理机制，统筹实施规划。建立工程管理小组、资金管理小组和培训管理小组，明确小组成员及其职责，根据村庄现状及资金筹措情况，统筹安排实施项目和进度。

（4）村庄整治的后期管理维护。对于村庄整治工作，必须建立长效的管理维护制度。彻底转变"重建轻管"的思想，加强日常管理和维护、加强专业队伍建设、加强群众参与和监督。组织引导农村干部群众参与公共设施运营的维护和管理，通过村民缴费或村集体经济解决管理资金来源问题，凝聚大家的力量，共建美好家园。

2. 村庄整治规划需探讨的问题

（1）建设用地标准问题。建设用地标准是编制规划时重要的控制指标。农民宅基地存在面积大、用地不规整、人均面积相差悬殊等问题，规划时对建设用地标准的确定比较困难，应考虑以下几个因素：

①地方政府执行的土地政策。如有些地方规定 3 人以下的户统一按 90 米^2/户控制，4 人户统一按 120 米^2/户控制，5 人以上的户统一按 150 米^2/户，原则上一户一处宅基地，一人户不批宅基地。

②家族历史及信奉因素。大部分村庄都是以家庭为基本单元繁衍发展起来的，农民对宅基地的选择比较慎重，加上大家庭的分家立户，使比较规整的宅基地割裂为很碎的数块，各家均无法有效利用，新住宅不能紧凑布局，由此增加了人均占地指标。对此，应充分做好协调工作，整合分割后不能有效利用的土地，采用经济手段、政策鼓励等方式促使新户新宅紧凑布局，提高土地利用率。

③建筑使用功能因素。宅基地内一般包括居住生活用房、生产用房和辅助用房三类，居住生活用房具有居住、堂屋、厨卫等功能，生产用房包括畜圈、烤房、农副产品加工房等，辅助用房包括杂物、农具、粮食储存以及燃料存放等功能。其中，加工房等视地区不同、家庭经营方式不同而各异，因此规划指标也要随之调整，同时烤房、加工房是否集中布局，面积多少，应在深入调查研究基础上实事求是地决定，不宜统一标准。

（2）村庄用地建设强度控制问题。村庄建设一般以低层建筑为主，建筑密度相差也很大，如是老住宅群则密度大，新住宅密度就很低，加上村庄内菜地与宅基地插花分布，宅基地范围界定不明确等因素，使强度指标计算弹性很大，指标的可比性差，如采用城镇规划的指标套用，显然不切合实际。故在具体规划项目中采用可行的控制指标即可，不强求一律，但总的建筑密度和容积率，应有现状与规划的对比。

（3）宅基地或土地使用权流转问题。村庄整治规划实施的难点在土地权属的流转。应在农村土地制度改革中"巩固所有权、明确发包权、稳定承包权和放活使用权"的基础上做农民的思想工作，使农民多余的宅基地和空置用地充分释放出来，通过经济杠杆调配到最需要宅基地的农民手中，达到村庄紧凑布局、规范建设、土地合理高效利用的目的。

三、空心村的整治

（一）空心村的现状

随着社会经济的发展，人们对宅基地的需求增加，大量新建住宅向村外扩张，而村中心的老宅基地闲置，造成村庄"空心化"，形成空心村。空心村是村庄房屋和土地的空心化，同时体现了村庄经济和人口社会的空心现象（图4-2）。

从土地利用的角度看，空心村是随着新住宅向村外发展而村庄内部出现大面积的空闲宅基地的土地利用状况，导致建设大量占用耕地资源的情况，土地利用率低。

从物质环境的角度看，村内房屋、基础设施、环境状况、整体格局、景观风貌这五个方面都受到极大破坏。

从社会经济的角度看，人口的流失引起经济的衰退和社会结构的变革，导致整个村落社会环境的恶化，村庄内老龄化和贫困化程度提高，影响了农村经济的发展。

从城乡规划视角看，空心村是在城市化滞后与非农化的条件下，由迅速发展的村庄建设与落后的管理规划体制的矛盾所引起的村庄外围粗放型发展、内部衰败的空间形态分异现象。

空心村具体表现有三种：一是人口显著减少，只有少数人居住的旧院落；二是用作存放杂物的院落；三是已成残垣断壁而被废弃荒芜的院落。

因此，空心村的整治应将维修建筑的质量、改善基础设施、整治环境等同社会经济发展结合起来考虑，提高土地利用率，寻求可持续发展的村落保护方式，来维系村庄的活力。

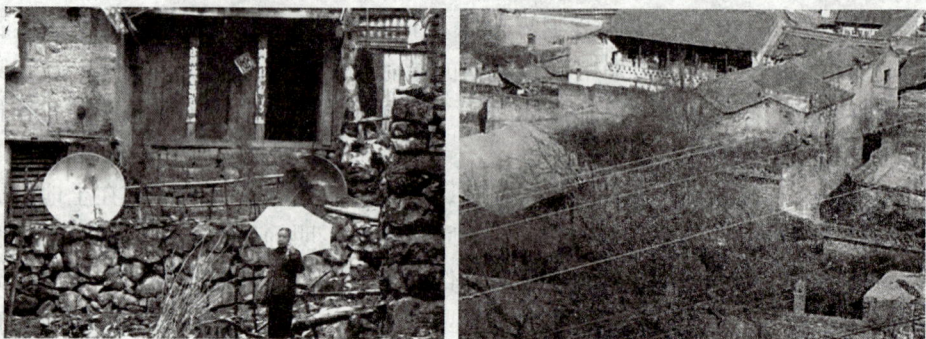

人口空心　　　　　　　　　　　　　　　房屋空心

图 4-2　空心村

（二）空心村整治存在的问题

1. 不符合实际的建设问题

不考虑农民生活的实际需求和经济落后的事实，修建休闲中心，种植大量绿化带、建设小工厂等，以利用村内的闲置土地。

2. 房屋与村庄的保护问题

村庄整治不是因地制宜，而是不加分析地统拆统建，这样是非常浪费的一种行为，甚至可能拆掉一些极具历史文化价值的建筑。

3. 缺乏整治的整体观

目前空心村的整治还处于初级阶段，缺乏适应社会发展规律的区域性的村庄整治措施与政策，仅仅局限在单个村落的建设上，没有从区域整体来考虑。

4. 拆迁改造行动缓慢

部分空心村改造试点村只有拆迁方案和规划，拆除了一些空心房，道路、排水沟等基础设施配套建设不能及时跟上。

（三）空心村的整治内容

空心村整治面临的一个突出问题是如何通过社会经济等的发展，使村内的土地得到充分合理利用，提高土地的利用率。不同类型的空心村要因地制宜，采取不同的治理方式。

1. 空心村闲置土地或宅基地利用规划

空心村闲置土地或宅基地应采取土地置换的方式进行充分利用。

通过规划，将村民手中的闲置土地或宅基地与集中规划的居住用地进行置换，然后将闲置土地或宅基地转变为村内的公共设施用地、文化用地或复垦为耕地。充分利用村内的空置土地，不仅可以提升村内的环境质量，而且给村庄注入新的活力，激发村庄中心原本荒置用地的再发展。

但是，对有历史文化价值的老树、旧宅、老街，要区别对待，要在保护的基础上进行规划利用。

2. 空心村闲置民宅利用规划

农宅的废弃和闲置是造成空心村的重要原因之一。随着农村经济的发展，部分有条件的农户离开家乡，到条件好的村庄或城市定居，他们所遗留的房屋闲置废弃。对于这些旧住宅，可以建立和规范农宅的流通机制，改善经济条件不好的农户的生活条件，从而减少村庄中废弃闲置的农宅。

严格执行建房用地制度，实行"一户一宅"，对旧宅实行统一规划改造或复耕还田；新建住宅的农户，必须新拆老房，收回原宅基地，才能批新的宅基地；对于还可以继续使用的旧房，可以推行调剂制度，调剂给空心村的老人和贫困户使用，并收回其原有的宅基地。

所有收回的旧民宅的宅基地实行统一规划、因地制宜、分类改造。

3. 空心村改造模式

空心村的改造要根据实际情况，因地制宜。空心村改造模式见表4-5。

表4-5　空心村改造模式

模　　式	特　　点	适宜区域
村庄合并型	就是零散自然村向中心村和小城镇集中，综合利用腾出的旧宅基地	适宜于平原农村
原址规划型	就是在原村址上实施村庄规划，严格控制每户的宅基地面积，向高空发展，提高土地利用效率	适宜于集体经济较发达的村庄
空地填实型	就是落实村庄规划，充分利用村庄内的每一块空闲地。通过拆迁旧宅、茅厕、猪圈等，打通村内主干道路，完善基础设施建设，减少占用耕地，使村庄用地趋于合理	适宜于中心村
整体搬迁型	就是从山区、地质灾害易发生的地区搬迁到交通便利、居住安全的地方，把原宅基地复垦为耕地	适宜于山区的村庄

4. 空心村改造的对策

（1）实行宅基地"三统一"管理机制。法律明确规定农村土地属集体所有，但群众总认为宅基地私有，因此村级集体经济组织要充分运用村民代表大会决议、村规民约的约束力，充分发挥村级自治组织的战斗力，适当调整现有土地承包关系，把村内宅基地、自留地、空闲地收归村集体统一管理、统一规划、统一安排使用，这是落实新农村建设规划的关键，也是空心村改造的前提。

（2）建立灵活的宅基地退出机制。一户多宅是造成村庄内部住宅闲置、废弃的主要原因之一，要采取多种措施予以盘活。

①要坚决拆除无人居住或使用的老屋。对原来已经签订拆除协议而实际没有拆除的、私自乱搭滥建的房屋进行全面清理，并限期或强制拆除，收回其宅基地。

②要严格执行"一户一宅"的个人建房审批制度。村民在申请审批新建房屋时，必须无条件拆除老宅，将老宅基地交还集体，防止出现新的"一户多宅"现象。

③要鼓励退回老宅基地。对主动拆除老屋、将空闲宅基地交还村集体的，村集体可给予一定的经济补偿；对自愿放弃原有全部宅基地且不再申请新宅基地的农户，按其退出的合法宅基地面积给予适当补偿，帮助办理社会保险。鼓励以宅基地置换房屋，或以房屋置换宅基地。对于质量较好、不影响规划的房屋，可由村收回，调剂安排给困难群众，实现资源的有效利用。接受调剂安排的群众，应无条件放弃原有宅基地。

（3）解决空心村改造筹资的难题。空心村改造需要大量的建设资金，不少村级集体经济相当薄弱，因此要多措并举，拓宽资金筹措渠道，突破筹资难题。

一是坚持公开、公平、公正的原则，可以探索允许村级集体经济组织根据宅基地的位置、面积等具体情况，收取部分级差经费。二是充分调动具有一定经济实力、热心公益事业的村民的积极性，促使他们慷慨解囊，踊跃捐款。三是整合各类支农政策和资金，优先安排省级低收入农户、整村搬迁补助资金。四是农村低保户、困难户优先列入农村住房困难群众救助对象。允许建设过渡房缓解低保户的住房困难。结合农民住宅建设的功能需求，丰富建筑户型，为农民统一设计，免费提供样板房设计图纸。五是适当提高空心村改造补助标准。

（4）尽快制定移民户户籍政策。目前各地均有不少自发的移民户，他们或投亲靠友，或凭宗亲关系移居到平原农村，有的移居已十几或几十年，但他们居住的房屋无法办理产权证，户口也不能顺利迁移到居住村，给子女上学等带来诸多不便。主要原因是法律规定宅基地不得跨集体经济组织流转，农民只能在本村内的土地上审批建房，而户籍管理部门则必须以固定住所产权证作为户口登记的依据。建议适当放宽户口迁移登记条件，户籍管理部门可凭县政府批准移民文件和宅基地安排村的证明，将其户口迁入安排宅基地的所在村。这不但有利于空心村改造，同时也有利于加快中心村集聚，加快城市化建设进程。

实施空心村改造，村民自愿是前提，政府引导是基础，政策扶持是关键，长效管理是保证。当前空心村改造正面临新的机遇，必须抢抓机遇，拓宽思路，创新方法，让农民群众看到实惠，得到实惠，自觉投身于空心村改造之中。

四、村庄整治中的传统保护

（一）村庄整治中传统保护的意义

村庄整治是对旧村人口流失致使土地房屋闲置、环境恶化、生活基础设施差等进行整治，是社会主义新农村建设的核心内容之一。在村庄整治过程中，要全面、综合、科学考虑，注意保护村庄的传统文化和传统建筑，将村庄传统保护纳入村庄规划，以提高村庄的社会、经济、环境的综合效益，使村庄健康持续发展。

目前村庄整治采取统拆统建的方式，有些有历史文化价值的建筑也被拆除，形成了单一模式的高层住房现象，基础设施建设如道路、自来水、电力、广电、通信、文化设施等也都采用统一的做法，破坏了原有的乡土风貌和特色，导致乡土特色和村落历史价值的丧失。

村庄的历史文化遗产与乡土特色是村庄宝贵的文化资源，是全体村民的共同遗产和精神财富，保存了大量不可再生的历史和乡土文化气息。村庄整治中，要科学保护与合理利用村庄的历史文化遗产与乡土特色风貌，使后人了解历史、延续和弘扬优秀的文化传统，这将对农村精神文明建设和社会发展起到积极的作用。

（二）村庄整治中传统保护必须坚持的原则

1. 保持历史的原始性和真实性

对于有特色的老建筑，修复时要尽量采用原材料或与其相适宜的材料、原技术和原色彩等，以保持历史的原始性和真实性。

2. 保持村落的整体性

村庄环境是自然环境、空间布局、建筑环境、人文环境等共同组成的和谐统一体。在村庄整治和建设的过程中，要注意保护传统村落的整体性，以免破坏传统村落的整体风貌。

（三）村庄整治中传统保护的内容

不同的村庄在整治和建设的过程中，保护的内容、程度和力度也是不同的。

1. 保护自然环境与村落的和谐关系

村庄整治中，村庄的整体布局要与自然环境相协调，要突出顺应自然、尊重自然的原则。村庄整治和建设过程中要注意保护村庄的自然生态环境，不能破坏生态环境的自我恢复能力。同时，要注意保持村庄与自然环境之间的协调，不得擅自改变街区空间格局和建筑原有的立面、色彩和建筑材料。不得擅自新建、扩建道路，对现有道路进行改建时，应当保持或者恢复其原有道路的格局。

2. 保护文物、历史建筑与乡土民居形成的建筑环境

全面保护古建筑所形成的风貌以及文物、历史建筑等的传统建筑特征。对于文物，包括地上文物和地下文物，要严格贯彻《中华人民共和国文物保护法》等有关规定。针对古建筑的不同级别，按历史文化价值划定若干区段，采取不同的保护措施，包括复原、修复、整修等。如划定能够体现村庄某个历史时期生活方式和建筑特征的建筑群和街区，保留其外表面貌，内部允许改造；保护划定为明确反映村庄新旧建筑文化融合的区段，以表现新旧建筑文化的交替；对划定同古城风貌不协调的地区或允许更新改造的区段，确定对该区的改建政策等。对于乡土民居，其道路铺装、空间尺度、建筑形式、建筑小品及细部装饰，均按原貌保存和修复。

3. 保护有地方特色的特征古迹与物质环境要素

城墙、地道、牌坊、古塔、园林、古桥、古井和古树等环境景观是村庄历史文化特征重要的物质载体，是整个村落环境的重要组成部分，在村庄整治中要注意保护这些环境要素。

4. 保护传统村落的非物质文化遗产

传统村落的习俗习惯、宗教信仰、传统手工艺以及流传的诗词、传说、戏曲、歌赋等非物质文化遗产，表现了村落农民长期以来形成的共同心理结构、思维习惯、生活风俗等内容，形成了村落社区的凝聚力，是构成文化多样性的重要组成部分（图4-3）。

传统的手工艺、民间艺术还具有极强的美学价值，这些非物质文化遗产对

面塑

传统农具

应县木塔

洪洞老槐树

图 4-3　传统保护

研究历史有重要的文化参考价值，所以村庄整治要注重保护地方特色的传统节目，传统手工艺和传统风俗，给这些文化活动提供一定的场所，防止传统文化的消失，使其得以保护和延续。如临汾市的面塑艺术、山西刀削面、徐沟背铁棍等。

5. 编制保护规划

编制村庄整治中的文化遗产保护规划，首先要通过调查和认定工作，明确确定保护对象，然后在深入了解村庄历史、地理及民俗习惯的基础上进行，并准确把握其空间布局、建筑风貌和特色。保护文物古迹等要在图纸上重点标注，在文本中突出体现。

【能力转化】

● **调查活动**

1. 调查空心村的现状，收集整理空心村的图片和数字资料，提出整治空心村的措施。

2. 收集整理村庄整治中破坏文化传统的实例和图片资料，提出进行村庄传统保护的措施。

● 简答题

1. 如何根据当地状况编写村庄整治规划？

2. 如何编写村庄整治规划说明书？

单元五 基础设施建设规划

【教学目标】

● **知识目标**

1. 掌握村庄道路的特点和等级规划；
2. 掌握水源的选择和保护措施。

● **能力目标**

1. 熟悉村庄道路规划的基本要求；
2. 熟悉电力电信工程规划的基本要求和基本内容；
3. 能够正确进行给排水工程规划。

● **情感目标**

1. 通过学习，调动学习的主动性；
2. 培养按照行业标准进行村庄道路规划的意识。

项目一 村庄道路规划

建设社会主义新农村，实现"生产发展、生活宽裕、乡风文明、村容整洁、民主管理"的目标要求，道路建设是加强农村基础设施建设中的第一要务。

一、村庄道路等级规划

（一）村庄道路的特点

1. 交通运输工具类型多，行人多

村庄道路上的交通工具类型多，主要是自行车、摩托车、电动车、农用三轮车、货车和面包车等，这些不同类型的车差别很大。此外，还有一部分人步行，人车混行，交通混乱。

2. 道路基础设施差，技术等级低

"村村通公路"已基本实现，但是道路的性质不明确，技术标准低，人行道窄甚至不分人行道，道路设计如坡度、道路平曲线等不合理，急弯、陡坡多，路况差，视线不好，交通标志、警告标志、安全防护设施缺乏，致使车辆通行困难。加上广大农村老百姓出行难问题尚难得到根本解决，三轮车违法载人屡禁不止，危及行人安全。

3. 农田道路狭窄，路况差

随着购机补贴等支农惠农政策的实施，农民购买农业机械的热情持续高涨，农业机械得到较快发展，大部分地区开始进行农业机械的播种和收获，但与之配套的农田道路系统不健全，坡陡弯急，路面狭窄，路况差，缺乏养护管理，缺乏道路交通标志和安全防护设施，严重影响农产品及农用物资的运输，影响农业机械化作业（图5-1）。

村庄盘山公路　　　　　　　　　　泥泞的农村道路

图 5-1　村庄道路

（二）村庄道路建设新要求

村庄道路建设应遵循安全、适用、环保、耐久和经济的原则，利用现有条件和资源，重点恢复或改善村庄道路的交通功能，并使道路规划布局科学合理。建设农村道路应该从实际需要出发，因地制宜。

1. 建养并重，路通路畅

农村道路"重建轻养"问题严重，农村道路建设要加强公路养护管理，保障路通路畅。

2. 质量优先，安全第一

农村道路关系民心。深化农村公路建设过程的监管，对新建农村公路的路基工程、通村公路附属设施、施工材料进行检查；路面工程实施全过程监管，对施工不合理或不合格的工程，严格要求整改并下发整改通知书。要有序推进农村道路建设，努力打造民生工程、精品工程。

3. 设施完备，环境优美

以往的农村公路建设，重在解决基本出行困难，没有更多地考虑公路建设的综合环境因素。未来的农村道路建设要按照可持续发展的指导思想，综合考虑多种因素，尽量利用原有旧路，严禁破坏耕地或占用基本农田，以免造成地质滑坡灾害，影响生态环境。同时要在农村道路两边加强绿化、安置路灯和路名牌等附属设施，建设生态公路，使建设好的农村公路设施完备，环境优美。

4. 修路不忘建桥

随着农村公路的建设，不少地方出现了宽路窄桥的现象，部分地区还存在消灭危桥的任务。同时，每年还有新的危桥产生，消灭和控制危桥的任务不可放松。在实施规划的时候，要考虑农民出行的安全因素，把危桥改建和公路建设结合起来。

（三）村庄道路等级

农村道路是指修建在乡村、农场，主要供行人、汽车及各种农业运输工具通行的道路，由县统一规划。农村道路一般是沟通乡到村、村到村或田间生产基地到乡、村的道路。由于农村道路主要为农业生产服务，一般不列入国家公路等级标准。农村道路可分为村庄内道路系统和农田道路系统两部分。

1. 村庄内道路

村庄内道路是村庄与村庄、村庄与中心镇各组成部分的道路。村庄道路的分级要根据村庄的层次与规模，按使用性质、任务和交通量的大小，参考住房和城乡建设部《村镇规划标准》的规定分为四级，可采用第二、第三、第四级（表5-1）。

表 5-1　村庄道路规划技术指标

规划技术指标	村镇道路级别		
	主干道	干道	支路
计算行车速度（千米/小时）	40	30	20
道路红线宽度（米）	24～40	16～24	10～14
车行道宽度（米）	14～24	10～24	6～7
每侧人行道宽度（米）	4～6	3～5	0～3
道路间距（米）	≥500	250～500	120～300

2. 农田道路

农田道路是连接村庄与农田及农田与农田之间的道路网络系统，应满足农产品运输、农业机械下田作业及农民进入田间从事农事活动的要求，主要分为机耕道和生产路。

根据村庄的不同规模和集聚程度，选择相应的道路等级与宽度。规模较大的村庄可按照主干道、干道、支路进行布置，中小规模村庄可酌情选择道路等级与宽度。道路组织形式与断面宽度要结合机动车的不同停车方式（集中布置、分散布置、占道停车）合理确定。如中心村应采用三级和四级道路，大型中心村可采用二级道路，而大型基层村应采用三级和四级道路、中型基层村可采用三级道路，小型基层村则应采用四级道路。

二、村庄道路的规划

■ （一）村庄道路规划的基本要求

编制农村道路规划时，需要结合当地山、水、田、林、路综合治理的原则，根据地方具体情况如村庄规模、地形地貌、村庄形态、河流走向、对外交通布局及原有道路，因地制宜地进行，使所有道路主次分明、分工明确、形成一个合理有效的村庄道路交通系统。

1. 满足安全、交通运输量的要求

村庄道路不论对内还是对外都是村庄内外的物流、客流的载体，满足交通运输是道路系统规划的最基本要求，因此村庄道路应主次分明、分工明确，组成一个高效、合理、机动的交通运输系统，形成安全、方便、迅速、经济的交通联系。

道路系统的规划要根据村庄内人流、车流的方向和数量来进行。一定要注意安全。连接村内外运输、企业、仓库、车站、码头等货运为主的道路，不宜穿越人流量大的村庄中心地段；汽车专用公路和一般公路中二、三级公路，不应穿越村庄内部；村庄文化娱乐、商业服务等大型公共建筑的道路，应设置必要的人流集散场地、绿化用地、广场和停车场；商业、文化、服务设施集中的路段，可规划为商业步行街，禁止机动车穿越；穿越村庄的二、三级公路应在规划中进行调整，使道路远离建筑物不少于 30 米。

道路系统的规划应有足够且恰当的道路网密度。道路网密度是衡量道路系统的重要技术经济指标之一，是指村庄除住宅区、街坊内通向建筑用地的通道之外的道路总长与村庄用地面积的比值。村庄干道的机动车流量不大，车速较

低，居民出行主要依靠自行车和步行，只要具备足够且恰当的道路网密度，加上简洁、整齐的道路系统，有利于村庄内部路网的衔接和沟通，便于行人和车辆的出行。

2. 满足地面排水与市政综合管线布置的要求

随着村庄的不断发展，各类公用事业和市政工程管线将越来越多，一般都埋在地下，沿街道铺设，各类管线的用途不同，技术要求也不同。在村庄道路规划设计时，必须摸清道路上要埋设哪些管线，合理安排，给予足够的用地。道路走向要结合地上、地下各种工程管线的功能要求，统一考虑，以减少工程量，降低建设费用与维修费用。

（1）排水管为重力流管，埋设较深，其开挖沟槽的用地较宽，管道具有排水纵坡，街道纵坡设计要与排水设计密切配合。干道系统竖向规划设计时，干道的纵断面设计应配合排水系统的走向，通畅地通向江、海、河。

（2）电信管道要靠近建筑物，且本身占地不宽，要求设较大的检修入孔。

（3）煤气管道要防爆，必须远离建筑物。

3. 结合地形、地质、水文等条件合理规划道路网

村庄道路网规划的选线布置，既要结合地形、地质水文条件，又要考虑与临街建筑、街坊、已有大型公共建筑的出入联系要求。道路网应尽可能平直，减少土石方工程，并为行车、建筑群布置、排水、路基稳定创造良好条件。河网地区的道路宜平行或垂直河道布置；山区村庄道路宜平行等高线布置，并考虑防洪要求；地形起伏较大的村庄，主干道走向宜与等高线接近于平行布置；为避免行人在之字形支路上行走，常在垂直等高线上修建人行梯道。在道路网规划布置时，应尽可能绕过不良工程地质和不良水文工程地质，并避免穿过地形破碎地段，虽然增加了弯路和长度，但可以节省大量土石方和大量建设资金，缩短建设周期，同时也使道路纵坡平缓，有利于交通运输。在确定道路标高时，应考虑水文地质对道路的影响，特别是地下水对路基和路面的破坏作用。

4. 满足村庄环境的要求

（1）村庄道路走向应有利于村庄的通风。我国北方地区的冬季寒流主要受来自西伯利亚冷空气的影响，以西北风为主，寒冷且往往伴随风沙、大雪，因此主干道布置应与西北向成垂直或成一定的偏斜角度，以避免大风雪和风沙直接侵袭村庄。山地道路走向要有利于山谷风的通畅。而南方村庄道路的走向应平行于夏季主导风向以创造良好的通风条件。对海滨、江边、河边的道路应临水避开并布置些垂直于岸线的街道。

（2）道路走向应为两侧建筑创造良好的日照条件。街道最好避免正东西方向，因为阳光耀眼，会导致交通事故。一般南北向道路较东西向好，最好由东向北偏转一定角度。而村庄干道需要有南北方向和东西方向干道共同组成村庄干道系统，不可能所有干道都符合通风和日照的要求。因此干道的走向最好取南北和东西方向的中间方位以兼顾日照、通风和临街建筑的布置。

（3）营造环保的道路交通环境。随着村庄经济的不断发展，交通运输也日益增长，机动车噪声和尾气污染也日趋严重，必须合理地确定村庄道路网密度，以保持居住建筑与交通干道间有足够的消声距离。严控过境车辆从村庄内部穿过。在街道宽度上，要考虑必要的防护绿地，来吸收部分噪声、二氧化碳，并放出新鲜空气。沿街建筑布置方式及建筑设计作特殊处理，如使建筑物后退红线、建筑物沿街面作封闭处理或建筑物山墙面对街道等。

5. 满足村庄景观的要求

村庄道路不仅用作交通运输，而且对村庄景观的形成有着很大的影响。如对临水的道路应结合岸线精心布置，使其既是街道，又是人们游览休息的地方。当道路的直线路段过长，使人感到单调和枯燥时，可在适当地点布置广场和绿地，配置建筑饰品。对山区村庄，道路竖曲线以凹形曲线给人赏心悦目的感觉。

6. 合理规划停车场地

在经济发达地区，农村小汽车也逐渐多了起来，停车问题随之产生，有的汽车甚至停在主干道路边上，致使来往车辆通行困难。因此在新农村道路系统规划时，停车场地应提前考虑。对有旅游功能的村庄，对旅游车辆的停放场地更应单独考虑。

7. 其他要求

村庄道路要与田间道路相结合，要方便从事农业经济的农民和农机通往田间；道路要尽可能少占田地，少拆房屋等；道路设计要利于防洪排水等。

（二）村庄道路网形式

道路网指的是在一定区域内，由各种道路组成的相互联络、交织成网状分布的道路系统。应根据自然条件和交通组织选取路网结构形式，以及决定主干道、干道和支路的配备与衔接。

道路网的形式一般采取方格式、放射式、自由式和混合式等基本形式。

1. 方格式

道路成直线，多为垂直相交（图 5-2）。方格式的优点是街坊整齐，便于布置建筑，也易于识别方向，并配合有很好的排水和绿化。交通组织简便，不会形成复杂交叉口，不会造成市中心交通压力过重。缺点是对每两点间的交通必须绕行一定的路程，交叉口多，影响行车通畅，地形起伏复杂时难以适用。一些沿河沿海的村庄顺应地形，往往形成了不规则的棋盘式道路网。

如 20 世纪 50 年代新兴工业城市洛阳，新市区在老城西侧布置，涧西区和洛北区道路网均为方格式。西安市以老城棋盘式路网为核心，分别向东、南、西三个方向延伸，仍基本保持了方格式道路网的特征。

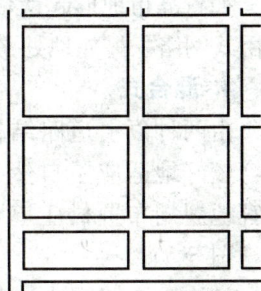

图 5-2　方格式

2. 放射式

实为内方格外放射，并以环线相连的布局形式（图 5-3）。优点是公共中心与各功能区以及外围各功能区有便捷的交通联系。干道与次要道路分工明确。路线有曲有直，较易结合自然地形和现状。缺点是容易造成中心交通拥挤，行人以及车辆的集中，交通灵活性不如方格式好，道路交叉多成锐角，有多条道路交于一点，增加组织管理交通的困难，街坊形状不规则，影响建筑布置，道路曲折不利于辨别方向。放射式道路用于规模很大的村庄，一般村庄较少采用。

如北京以老城区棋盘式路网为核心先建设了四条环状干道。一环在市中心区内，二环环绕市中心区，三环沿着城市建成区。以二环路为起点，已形成 9 条主干放射路，14 条次要放射路，并逐步以立交取代平交路口。成都市的道路网也属这种类型，干道网由 8 条放射干道和 2 条环路组成。

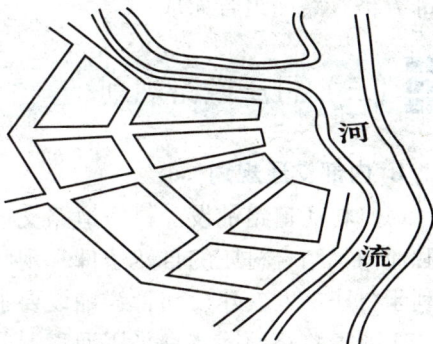

图 5-3　放射式

3. 自由式

由于地形起伏变化较大，道路结合自然地形呈不规则状布置而形成的道路网形式（图 5-4）。主要形成在山丘地带或沿海沿河地区。优点是能较好地结合自然地形，道路自然，可减少土方工程量，丰富村庄景观，节省工程费用。缺点是道路弯曲，方向多变，街坊不规则，影响建筑物的布置及管线工程的布置，同时，建筑物分散，居民出入不方便。多用于山区、丘陵地带或地形多变的地区。

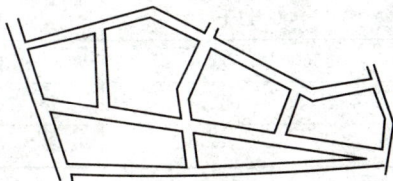

图 5-4　自由式

如青岛市地形起伏，三面环绕岸线曲折的大海，道路依山傍海呈不规则的自由式网络。另如地处平原的芜湖市道路，依湖泊和残丘也呈自由式布置图形。

4. 混合式

由两种以上道路结构组合而成。这种组合较好地适应了自然条件和现状，因地制宜地规划布置村庄道路系统，适应性较强（图 5-5）。

如沈阳道路网由方格式的老城区、铁西区道路网与沈阳站前东侧的扇形道路网组合而成。大连市道路网由东部放射状路网（10 条放射型干道交汇于中山广场）和西部方格式路网组合而成。

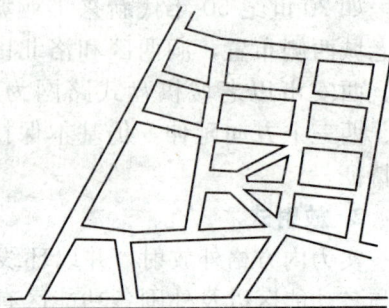

图 5-5 混合式

（三）村庄道路规划

1. 内部交通规划

（1）村庄道路铺设。村庄道路交通规划应根据村庄用地的功能、交通的流量和流向，结合村庄的自然条件和现状特点，确定村庄内部的道路系统，并应有利于村庄的发展建设和管线铺设要求。

主要道路路面铺装宜采用沥青混凝土路面、水泥混凝土路面等形式，平原区排水困难或多雨地区的村庄，宜采用水泥混凝土或块石路面。

次要道路和宅间路铺装材料应因地制宜，可采用块石路面及预制混凝土方砖路面以及地方特色材质石料等形式。

（2）村庄规模与道路等级配置。村庄道路系统的组成应根据村庄的规模和发展需求按表 5-2 确定。

表 5-2 村庄规模与道路等级配置

规划规模分级（人）	道路级别		
	主要道路	次要道路	宅间路
1 000 以上	●	●	○
600～1 000	●	○	○
200～600	○	○	○
0～200	○	○	○

（3）道路断面规划设计。道路断面形式有一块板、两块板和三块板等基本

形式，农村道路宜采用一块板形式。

（4）道路线形设计。

①道路平面。村庄道路平面位置应按照村庄总体规划道路网布设，道路平面线形应与地形、地质、水文等结合，并符合各级道路的技术指标。

道路平面设计应处理好直曲线与平曲线的衔接，合理设置缓和曲线、超高、加宽等。并根据道路等级合理地设置交叉口、沿线建筑物出入口、停车场出入口、公共交通停靠站位置等。

道路标高不宜高于两侧建筑场地标高。

路基路面排水应充分利用地形和天然水系及现有的农田水利排灌系统。平原地区道路宜依靠路侧边沟排水，山区村庄道路可利用道路纵坡自然排水。各种排水设施的尺寸和形式应根据实际情况选择确定。

②道路横坡。道路路面在横向单位长度内升高或降低的数值，称为道路横坡，以"%"表示。为了使道路的雨水通畅地流入边沟，必须使路面具有一定的横坡，横坡的大小主要取决于路面材料，也应考虑道路纵坡坡度、路面宽度和当地气候条件的影响。

村庄道路横坡宜采用双面坡形式，两侧设排水沟，雨水向两侧边缘流走；宽度小于3.0米的路面可以采用单面坡，仅设一个排水沟；当线路选择在山谷地时，为减少土方工程量，采用中间排水的形式，但这种形式缺点多，超车时宜滑进排水沟，尽量少用。道路横坡坡度应控制在$1\%\sim3\%$，纵坡度大时取低值；纵坡度小时取高值。干旱地区村庄取低值，多雨地区村庄取高值，严寒积雪地区村庄取低值。

③道路纵坡。道路纵坡分为最大纵坡与最小纵坡，最大纵坡决定于车辆性能和路面质量，最小纵坡为满足排水需要。为了行车安全，减少车辆爬坡时消耗油料及磨损机械，对纵坡有所限制。

村庄道路纵坡应控制在$0.3\%\sim3.5\%$，山区特殊路段纵坡度大于3.5%时，宜采取相应的防滑措施。当地形自然坡度大于8%时，村庄地面连接形式宜选用台阶式，台阶之间用挡土墙或护坡连接。

④道路边坡。村庄道路路堤边坡坡面应采取适当形式进行防护。宜采用干砌片石护坡、浆砌片石护坡、植草砖护坡及植草护坡等多种形式。

（5）道路交叉口设计。村庄内部道路交叉口应采用平面垂直交叉或近于垂直交叉的形式，不得已时，采用斜交，但斜交角不小于$45°$。

道路交叉口高程确定原则：主要道路要低于次要道路，次要道路要低于房屋地面，整个路面不积水，土方工程量为最小。

（6）集散场地与停车场规划。文体娱乐、商业服务等公共建筑出入口处应

93

设置人流、车辆集散场地。在主要道路和次要道路两侧设置停车带，供临时停车使用；根据村庄性质，需要时可设置小型停车场，供机动车临时停放。各种场地的适宜坡度：广场 0.3%～3.3%，停车场 0.2%～0.5%，运动场 0.2%～0.5%，绿地 0.5%～1.0%。

2. 道路交通安全规划

（1）村庄道路规划建设中，应结合路面情况完善各类交通设施，包括交通标志、交通标线及安全防护设施等。

（2）当公路穿越村庄时，村庄入口应设置标志，道路两侧应设置挡墙、护栏等防护设施。

（3）在公路与村庄道路形成的平面交叉口处应设置减速让行、停车让行等标志，并配合划定减速让行线、停车让行线等交通标线，还可设置交通信号灯。

（4）村庄道路通过学校、集市、商店等人流较多路段时，应设置限制速度、注意行人等标志及减速坎、减速丘等减速设施，并配合划定人行横道线，也可设置其他交通安全设施。

（5）村庄道路遇有滨河路及路侧地形陡峭等危险路段时，应设置护栏标志路界，对行驶车辆起到警示和保护作用。

（6）现有各类桥梁及通道可分别设置限载、限高及限宽标志，必要时应设置限高、限宽设施，保证桥梁与通道的行车安全与畅通。

（7）村庄道路建筑限界内严禁堆放杂物、垃圾，并应查处各类违章建筑。

（8）村庄主要道路上设置交通照明设施，为机动车、非机动车及行人出行提供便利。

（9）交通标志、标线的形状、规格、图案及颜色应符合现行国家标准《道路交通标志和标线》（GB5768—1999）的规定。

3. 道路交通指标规划

村庄道路规划中应给出人均道路长度、道路硬化率、道路网密度等统计指标。

（1）人均道路长度。最能综合反映村庄道路交通通达状况。

（2）道路硬化率。指村庄硬化路面的道路面积占道路总面积的比例，综合反映村庄道路的建设质量。

（3）道路网密度。村庄道路总里程与村庄总面积的比值。

（4）曲线半径。即转弯半径，指道路在变换方位或交叉口处的平曲线半径。其大小主要依据车辆类型、车辆在交叉口允许行驶速度确定，如三轮车的转弯半径一般为 6 米。

村庄道路及交通设施规划建设应遵循安全、适用、环保、耐久和经济的原则，利用现有条件和资源，重点放在恢复或改善村庄道路的交通功能，并使道路规划布局科学合理。

【能力转化】

● 调查活动

1. 收集包括图片资料在内的村庄道路的状况。

2. 调查并收集当地村庄道路网的形式、交通安全标志和交通指标。

● 简答题

村庄道路建设有哪些要求?

项目二　给排水工程规划

给水工程规划为新农村建设规划重要内容之一。编制与新农村建设相适应的工程规划,要在充分调查了解当地水资源现状的基础上,使村庄给水系统既要满足村庄居民生活、生产用水以及消防用水,又要满足不同用户对水量、水质及水压提出的要求。村庄排水工程是把污水、废水集中并输送到适当地点,进行处理,使之达到卫生要求,再排放到水体中去。排水工程在保证生产、改善居民生活条件和防治污染、保护环境等方面起着很重要的作用。一般村庄排水系统通常由排水管网、污水处理厂、出水口等几部分组成。

一、农村水资源的保护和利用

■ (一) 水源

1. 水源分类

给水水源可分为地下水和地表水两大类。

(1) 地下水。包括潜水、自流水(承压水)、裂隙水和泉水等。由于经过地层过滤且受地面气候及其他因素的影响较小,地下水具有水质清澈、无色无味、水温恒定、不易受到污染等特点,但其径流量小,矿化度和硬度较高。

(2) 地表水。包括江、河、湖、水库水等。由于受各种地表因素的影响较大,地表水的水质不同于地下水,如地表水的浑浊度与水温变化幅度大,易受到污染。但地表水的矿化度、硬化度较低,含铁量及其他物质较小,径流量一般较大,且季节性变化强。

2. 饮用水水源的基本要求

（1）无色。水层较深时常呈浅蓝色，含较多的钙镁离子时呈深蓝色，这些都属于正常水色。如果含有其他杂质时，水质发生变化，如受腐殖质污染的水呈现棕黄色。

（2）无味。当水中溶有杂质时，会产生各种味道。如含较多氯化物时，水有咸味；藻类过度繁殖致使水有臭味；含有大量铜离子时，产生苦味等。

（3）无毒。环境污染、工业废水的排放和农药化肥的使用使得水质受到污染而产生毒性，如汞、砷、硝酸盐等，通过食物链在人体积累后形成有毒危害。此外，缺碘会引起甲状腺肿，过量的氟会引起全身性疾病，如氟斑牙和氟骨症等。

（4）无致病菌。在污染的水中常含有致病微生物和病毒等，长期饮用，会引起很多传染性疾病的蔓延。

只经过加氯即作为生活饮用水的水源，大肠菌群平均每升不得超过1 000个；净化处理及加氯消毒后作为生活饮用水的水源，大肠菌群平均每升不得超过10 000个。生活饮用水水质标准中的碘、氟含量应适宜。经过净化处理后，水源水的感官性状和化学指标及毒性学指标应符合《生活饮用水卫生标准》。

锰含量超标

人体致病菌

垃圾渗液污染

黑如墨汁的水

图 5-6　水体污染

（二）水源的选择

水源的选择是给水工程中十分重要的环节，会对整个村庄规划带来全局性的影响。水源的选择遵循下面的原则：

1. 水量充沛

水量既要考虑到现在的状况，又要考虑到未来的发展。水量保证率要求在95％以上。

2. 水质良好

村庄给水主要供给生活饮用水。生活饮用水水质标准有三级，一级水源水是水质良好，地下水只需消毒处理，地表水经简易净化处理，消毒后即可作为生活饮用水；二级水源水是水质受到轻度污染，需经过常规净化处理，水质达标，可作为生活饮用水；水质浓度超过二级标准限值的水源水，不宜作为生活饮用水。

3. 多业兼顾

水源选择要同时考虑农业、水利和渔业的综合利用。

4. 安全经济

水压稳定，取水方便，取水、净水和输水设施安全经济，有利于管道布置。

选择水源时，要尽量多地收集资料，分析研究，实地水源勘察，结合村庄规划，综合以上原则，通过技术、经济等多方面的比较，确定合理的水源。生活饮用水一般应优先考虑选用地下水，第二是泉水，第三是江河湖水。

（三）水源的保护

为防止给水水源被各种工业废水和生活污水污染，必须对给水水源采取卫生保护措施，设置防护地带。

1. 水源的保护

（1）以库塘、河流、泉水等地表水为供水水源时，应在取水点设置明显标志和保护告示。以地下水为水源时，取水构筑物的防护范围应合理确定，设置保护措施，并以井的影响半径范围为水源保护地。

（2）在单井或井群的影响半径范围内，不得使用工业废水或生活污水灌溉；不得施用持久性或剧毒的农药；不得修建渗水厕所、渗水坑、堆放废渣或铺设污水渠道；不得从事破坏深层土层的活动；不得停靠船只、游泳、捕捞等一切可能污染水源的活动。

（3）地表水取水口上游1 000米至下游100米的水域内不得排入工业废水

和生活污水，其沿岸的防护范围内，不得堆放废渣等有害物质。

（4）为减少水介质传染病的发生流行，集中供水工程应有消毒设备；分散供水工程应有防污设施，有条件的地方应进行饮用水消毒。

（5）供水工程管理单位人员要按照供水技术规范和农村饮用水卫生标准的要求，定期对供水水质进行检测，保证供水质量达到生活饮用水标准。雨季和旱季要分别加测水质。

（6）对于单户的分散水源工程，水行政主管部门要配合卫生部门做好对农民安全用水的指导。

2. 饮用水净化的处理

当前，农村大部分地区没有自来水，可采取简易水质处理办法供水。其过程是：沉淀—过滤—消毒。

（1）沉淀。是加明矾混凝后原水中杂质沉淀下来，使水变清的过程。方法有修建平流沉淀池使水中杂质沉于池内，有条件的可采用竖流式或斜板式沉淀。

（2）过滤。使沉淀后的水进入装有滤料的过滤池中，通过滤料对杂质的吸附、筛滤等作用，截留水中杂质，使水澄清。方法是：建造过滤池，池中铺木炭、卵石、粗砂等过滤材料。

（3）消毒。一般采用加氯（液氯、漂白粉、漂白精等）的方法，将粉状或块状物加入水中，消毒半小时后即可。

二、给水工程规划

（一）农村给排水系统现状

随着农村经济的发展和农民生活水平的不断提高，广大农民对农村给排水工程建设提出了更高要求。因此，改造农村陈旧的给排水设施，为农民提供一个安全、卫生的用水条件成为建设新农村的一项重要内容。

1. 供水情况复杂

部分农村地区水源及给水管线未纳入城市供水系统，自来水的水量、水质及水压均难以得到保障。受传统居住形式的影响，大部分农村居民住房仍为分散、无序的状态，户与户之间不成排，自来水普及率低，用水不方便，尤其冬季较为寒冷，连接井口潜水泵出口到室内的管道由于埋藏深度不够，容易冻裂，取用井水的用户地上部分常因忘记放水造成结冻，人们取水更为困难。村民一般将地表水、打井开采的浅层地下水或雨水等作为用水来源，给水工艺落后，自动化程度低。很多村庄的供水管网铺设因穿越道路、农田、林地、果园等多种复杂地势而给施工带来很大困难，不仅为日后农村规划建设留下隐患，而且也不利于供水管网的维护和检修，水量、水质及水压均难以得到保障。

2. 用水存在安全、卫生隐患

由于人们当前的取水方式不尽合理，不对水源进行保护，不对用水进行消毒处理，百姓又大都喜欢直接饮用生水，因此极易造成饮水安全事故，不利于广大老百姓的生命健康。

3. 没有完善的排水系统

绝大多数未设排水沟渠和污水处理系统，村庄污水、废水直接排入附近水体、道路或者沟渠里，导致农村地区生活污水对水源的污染呈上升趋势，不同程度地污染了农村环境，影响了农民的身体健康。此外，近年来经济活动的多样性，各类企业、集约化养殖场的污（废）水直接排入周边水体，造成河流、水塘等水环境污染，成为农村重大的环境隐患。部分农村地区的原有水系由于在城市或工业区的开发建设中遭受破坏，而新的排水系统尚未形成，造成暴雨期间的水浸现象。

4. 农村给排水的现有资料不全

现有资料是给排水工程规划设计主要依据之一。由于历史原因，大部分村庄没有统一规划，而且建设时序混乱、速度滞后，很难找到较为详尽的现有资料，需要进行实地勘察，与所在村各个部门协商，获取尽可能多的资料，为规划做准备。需要收集的资料有：气象资料，地面水资料，现有水井的分布位置、出水量、卫生及污染概况，地下水水质；村办企业现状给水情况、取水方式、存在问题、污废水污染情况和治理措施；现有雨水、污水管道、渠道走向、管径、埋深；现状消防设施情况（市政消火栓、消防水池或具有消防用水储水功能的人工、天然水体）；上一轮的给排水工程规划资料等。

（二）给水工程规划原则

给水工程规划应符合国家的建设方针、政策。

统一规划，远近结合。给排水系统需要全面规划、远近结合，在不同的阶段突出不同的重点，满足农村发展的需要。

给水工程规划应优先采用节水技术。

给水系统的布置应根据水源、地形、村庄企业用水要求及原有给水工程等条件综合考虑后确定。

强调生态原则，尊重自然环境，在充分利用现有资源的基础上，逐步建设营造"水清景美"的农村人居环境。

■■ （三）村庄用水类型

村庄给水系统的供水对象一般有：村庄居住区、企业、各类公共建筑等。各供水对象对水量、水质和水压有不同的要求，概括起来可分为四种用水类型。

1. 生活用水

即人们日常生活中的用水。包括居住区的生活饮用水，洗衣、洗澡、冲洗厕所用水，企业职工生活饮用水，淋浴用水及村庄公共建筑用水。生活用水的水质关系到人们的身体健康，水质要求较高，必须符合《生活饮用水卫生标准》，应无色、透明、无臭、无味、不含致病菌和有害健康的物质。生活用水的水压应能满足村庄内大部分用户的要求，水压过高，浪费电力，水压过低，满足不了用户的要求。

2. 生产用水

即村庄农业、工业生产用水。不同产品和生产工艺对水质的要求不同，对水中所含的矿物质及有机杂质的允许值也各不相同，需达到不同的水质要求。对于特殊水质要求，可采用企业后处理的方法解决。

3. 消防用水

为了保障人民的生命财产安全，用于扑灭火灾的用水。消防用水只在发生火灾时使用，是一种突发用水。水量、水压必须符合消防规范。

4. 村庄浇洒道路和绿化用水

是为保持村庄道路清洁、村庄绿化正常生长所需的用水。

此外还有管网漏水量及未预见水量等。

■■ （四）村庄给水工程规划

1. 村庄用水量的预测

确定用水量是选择水源、确定水构筑物形式和规模、计算管网和选用各种设备的主要依据。

（1）生活用水量。包括居住建筑生活用水量和公共建筑生活用水量。生活用水量的高低随经济水平、建筑设备水平方式、居住条件、气候条件、生活习惯的不同，各地的生活用水量也不同。所以在进行规划设计前，应进行实地调查，收集当地有关资料，统一规划，远近结合，确定一个合理的居住建筑生活用水量。

对于公共建筑用水量，其功能、设施及要求等没有实质差别，公共建筑用水量可按照居住建筑生活用水量的 8%～25% 进行估算。

（2）生产用水量。包括村庄工业用水量、农业用水量。由于各地生产的品种繁杂，情况不同，要根据当地实际情况，按当地政府的有关规定进行计算。

（3）消防用水量。具备给水管网条件的村庄，其管网及消火栓的布置、水量、水压应符合国家现行的消防给水的标准。不具备给水管网条件的村庄，应充分利用河湖、池塘、水渠等水源，设置可靠的取水设施，因地制宜地规划建设消防给水设施。

规划中尽量利用村庄边缘的水源如河流等天热水体，作为供给和储备消防用水场所，以减少供水水厂和管网的规模，节约投资。

（4）浇洒道路和绿地的用水量与路面类型、绿化面积、冲洗方式、当地气候和土壤条件等因素有关，可根据当地条件确定。

（5）播种管网漏水量等不可预见水量可根据当地实际情况，按最高日用水量的 15%～25% 估算。一年中用水量最多的一天的用水量，为最高日用水量。

2. 给水方式

给水方式分为集中式、分散式两类，应根据当地水源、能源、经济条件和技术水平以及规划要求等因素进行综合比较后确定。

在距离城镇很近的村落，可以考虑城乡统筹，拓展城镇供水范围，即由城镇管网辐射向农村供水，逐步建成城镇联片集中供水体系，实现城乡供水一体化，使农村饮用水与城市同网同质。

对城市供水无法到达的丘陵山区、偏远中心村庄，重点抓好村庄中心水厂和水源工程建设，以乡镇或几个村为中心，合理布局供水管网，形成乡镇分片集中供水工程体系，有效改善农民饮用水条件。

对偏远山区无条件建设集中式给水工程的村庄，可选择手动泵、引泉池或雨水收集等单户或联户分散式给水方式。

3. 水厂的选址

厂址选择首先要考虑进出水的输、配水管路方向条件，并且要充分考虑输、配水管路的现状。既要保证进水管路有良好的水力条件，又要考虑配水地区管网的走向及原有设施的利用情况。既要考虑现状的供水，又要考虑远期扩建因素，留有发展余地。据此，水厂选址要考虑以下条件：

（1）符合城市总体规划和城市远期发展的要求。

（2）厂址应选择在工程地质条件好、不受洪水威胁、地基承载能力较大的地方。

（3）应根据给水系统的布局确定，宜选择在交通、供电等市政设施较便利、废水便于处置的地方。

（4）厂址宜选在能充分利用现有设施，少拆迁、少占耕地的地方。

（5）厂址选择应根据水源地的地点和不同的取水方式确定，宜选择在取水构筑物附近。

4. 给水管网的布置

给水管网是由大大小小的给水管道组成的，给水管网担负着村庄整个区域的供水任务，是保证输水到给水区内并配水到所有用户的全部设施。根据给水管网在整个给水系统中的作用，可将它分为输水管和配水管网两部分。

（1）输水管。从水源到水厂或从水厂到配水管网的管线，因为沿管线一般不连接用水户，主要起转输水量的作用，所以叫做输水管。另外，从配水管网接到个别大用水户的管线，因沿线一般也不接用户管，也叫做输水管。

（2）配水管网。配水管网就是将输水管线送来的水，配给村庄用水户的管道系统。在配水管网中，各管线所起的作用不相同，因而其管径也就各异，由此可将管线分为干管、配水支管和接户管（进户管）三类。

干管的主要作用是输水至村庄各用水地区，直径一般在 100 毫米以上。

配水支管是把干管输送来的水量送入小区的管道，它铺设在每条道路下。

接户管又称进户管，是连接配水资与用户的管道。

（3）给水管网布置形式。输水管道不宜少于两条，但从安全、投资等各方面比较也可采用一条。配水管一般连成网状，按其布置形式可分为树枝状、环状和混合状三类。

①树枝状管网。干管与支管的布置如树干和树枝的关系。优点：管材省、投资少、构造简单。缺点：供水的可靠性较差，一处损坏则下游各段全部断水，同时各支管末端宜成"死水"，恶化水质。这种管网适合于村庄地形狭长、用水量不大、用户分散以及用户对供水安全要求不高的情况（图 5-7）。

②环状管网。配水干管与支管均呈环状布置，形成多个闭合环。这样每条管都可以由两个方向来水，保证水经常流通，管网中无死端，水质不宜变坏，因此供水安全，可靠性大大提高，但是，环状管网的管线较长，投资较大，适用于连续供水要求较高的村庄（图 5-8）。

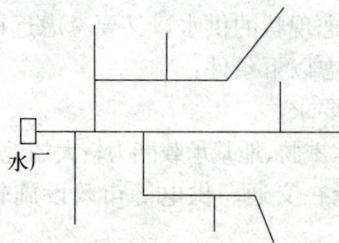

图 5-7　树枝状管网　　　　　　　　　　图 5-8　环状管网

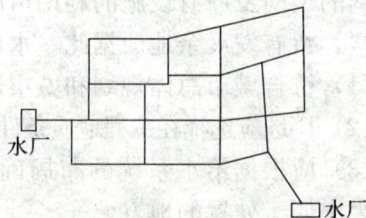

③混合状管网。在实际工作中为了发挥给水管网的输配水能力，达到既安全可靠，又适用经济，常采用树枝状与环状相结合的管网。如在主要供水区采用环状，在外围周边区域或要求不高而距离水厂又较远的地点，采用树枝状管网，这样比较经济合理。

（4）给水管网的布置。干管的方向应与给水的主要流向一致，并以最短的距离向用水大户或水塔或高位用水地供水；管线长度要短，减少管网的造价及经常维护费用；管线布置应结合地形，优先考虑重力输水，或分段重力输水，以减少动力费用；避免穿越障碍物和地质不稳定的地段；管线尽量沿现有道路或规划道路的人行道下面铺设，以节约用地，管线在道路下的平面位置和标高，应符合地下管线综合设计的要求；符合总体规划要求。

三、排水工程规划

（一）排水工程规划原则

1. 利用现状管道

从实际出发，充分利用现状管道，掌握原有排水设施的情况，分析研究存在的主要问题及改造利用的可能途径，如对排水不畅的地区，结合排水系统规划进行改造。对路边排水明沟和盖板暗沟，应逐步改造成管道或暗渠。

2. 规划之间关系协调

符合村庄总体规划的要求，和其他规划相协调。科学规划，合理布局，使排水工程规划成为村庄规划和发展的有机组成部分，实现可持续发展。

3. 雨水管道

沿道路铺设，结合地形和道路坡度，分散就近排入河道及附近水体。

4. 重力流排污

尽量靠重力流来排放污水，如需采用提升排放，提升泵站规模和提升能力应结合实际情况，与排水渠道协调一致。

5. 新建区域

对于新建区域，雨水管渠的最小覆土采用1.5米，以利于其他各种管线的布置。

6. 环境保护

符合环境保护的要求，有利于水环境的改善。对于排放的污水、废水，要注意合理处理与合理利用，防患于未然；充分考虑循环使用的可能，减少排水量，节约用水，保护环境。

（二）村庄排水分类

1. 生活污水

生活污水是指学校和居民等在日常生活中产生的废水，包括厕所粪尿、洗衣洗澡水、厨房等家庭排水以及商业和游乐场所的排水等。

人类生活污水主要是粪便和洗涤污水，其量与生活水平有密切关系。生活污水中含有大量有机物，如纤维素、淀粉、糖类和脂肪蛋白质等；也常含有病原菌、病毒和寄生虫卵；无机盐类的氯化物、硫酸盐、磷酸盐、碳酸氢盐和钠、钾、钙、镁等。总的特点是含氮、含硫和含磷高，在厌氧细菌作用下，易生恶臭物质。因此，生活污水在排放之前，必须进行无害化处理，使水质得到一定的改善之后才能排放入江河等水体。

2. 生产废水

生产废水指人们在生产过程中所排出的废水。由于各行业生产的性质和过程不同，生产废水的性质也不相同。对杂质很少的生产废水，可以直接排放或循环使用；对含有毒物质的生产废水，必须消毒处理后，才能排放；对含有对某些生产有益的生产废水，应予以回收或利用。

3. 雨雪水

雨雪水的特点是时间集中，水量集中，如不及时排出，轻者会影响交通，重者会造成水灾。雨雪水一般比较清洁，可以直接排放水体。但对那些受到工厂、医院、畜牧场等污染的雨水径流，应进行无害化处理。

（三）村庄排水工程规划

1. 确定排水量

（1）生活污水量。生活污水量取决于规划范围内的人口数量与居住的卫生设备情况。人口数量越多，居住的卫生设备齐全，则污水量越多，否则，污水量越少。生活污水量可按照生活用水量的75％～85％进行估算。

（2）生产污水量。生产污水量及变化系数，要根据工业产品的种类、生产工艺特点和用水量确定，在规划中，可按生产用水量的75％～90％进行估算。

（3）雨水量。雨水量由降雨强度、径流系数、汇水面积三个因素决定。常用的经验公式为：

$$Q = \Phi F q$$

式中　Q——雨水设计流量（升/秒）；

Φ——径流系数；

F——汇水面积，按管段的实际汇水面积计算（米^2）；

q——设计降水强度［升/（秒·公顷）］。

设计降水强度还和降水历时有关。降水历时为排水管道中达到排水最大降雨持续的时间。

降水历时包括汇水面积内的集水时间和管道内流行的时间，计算公式为：

$$t=t_1+mt_2$$

式中　t——设计降水历时（分钟）；

t_1——地面集水时间（分钟），一般采用5～15分钟；

m——延缓系数，管道为2，明渠为1.2；

t_2——管道内水的流行时间（分钟）。

规划中，雨水量可按邻近城市的标准计算。

2. 排水体制

排水体制是指污水(生活污水、工业废水、雨水等)的收集、输送和处置的系统方式。合理选择排水体制是排水系统规划设计中的一项十分重要而复杂的工作。

（1）排水体制分类。排水体制一般分为合流制和分流制两种。

①合流制是由一条管网（水沟）共同排除雨水和污水，只有一个排水系统，称合流系统，其排水管道称合流管道。

合流制系统造价低、施工容易，但不利于污水处理和系统管理，所以一般不宜采用。

②分流制是雨水和污水分别由不同管网（水沟）排出，一般有两个独立的排水系统，便于处理或回用。一个称雨水排水系统，收集雨水以及冷却水等污染程度很低、不需要经过处理就可以直接排放水体的工业废水，其管道称雨水排水管道。另一个称污水排水系统，收集生活污水和需要处理后才能排放的工业废水，其管道称污水排水管道。

分流制排水系统在村庄有时仅设污水管道系统，雨水沿地面和道路边沟排入天热水体，这种排水体制称不完全分流制。对于地势平坦、多雨而容易积水的地区，不宜采用这种排水机制。

分流制系统造价较高，但易于维护，有利于污水处理。

（2）确定排水体制的原则。

①污、废水的性质。根据污、废水中所含污染物的种类，确定是合流还是分流。如当两种生产污水合流会产生有毒、有害气体和其他物质时，应分流；与生活污水性质相似的屠宰、食品工厂污水可以和生活污水合流排水。不含有机物只含泥、砂、矿物质的工业废水可排入雨水排水系统。

105

②污、废水污染程度。同类型污染物，但浓度不同的两种污水宜分流排除，这样既有利于轻污染废水的回收利用，又有利于重污染废水的处理。

③距离市政污水、雨水管网5公里以内或其他有条件的村庄，采用雨污分流的排水体制，接入就近的管网；没有条件的村庄可采用雨污合流制，利用道路排水边沟收集雨污水，但在污水排入管网系统前应采用化粪池、生活污水净化沼气池等方法预处理。

④如果村庄布局相对密集、规模较大、经济条件好、村镇企业或旅游业发达、处于水源保护区内的单村或联村污水处理，可采用集中处理模式，即所有农户产生的生活污水、商业污水排放到自建化粪池中，经过物理过滤，排入污水管，通过污水干管统一收集，排至污水处理设施中，经生化处理，达到排放水质标准后，排入村庄低处，用作农田灌溉。有条件的村庄还可以建污水再利用工程，污水处理后再利用，主要用于农业灌溉、补充地下水、市政及生活杂用水、工业冷却水及环境用水等。

⑤无污水处理厂时，粪便污水一般与生活废水应分流排出，粪便污水应经化粪池处理。

3. 排放标准

村庄工业废水和养殖业污水经过处理，排放时应符合现行国家标准《污水综合排放标准》（GB8978—1996）的有关规定；污水用于农田灌溉，应符合现行国家标准《农田灌溉水质标准》（GB5084—2005）中的有关规定；用于渔业用水时，应符合现行国家标准《渔业水质标准》（GB11607—89）中的有关规定；用作其他用途时，应符合相关标准。

4. 排水系统布置

（1）村庄排水系统的平面布置形式。

①集中式排水系统。全村只设一个污水处理厂与出水口，当地形平坦、坡度方向一致时宜采用此方式。

②分区式排水系统。将村庄划分成几个独立的排水区域，各区域有独立的管道系统、污水处理厂和出水口。

③区域排水系统。几个相邻的村庄，污水集中排放到一个大型的地区污水处理厂。这种排水系统能扩大污水处理厂的规模，降低污水处理费用，能以更高的技术、更有效的措施防止污水扩散。此方式是今后村庄排水发展的方向，特别适合经济发达、村镇密集的地区。

（2）排水沟管的布置。

①排水沟管的布置步骤。在地形图上，按等高线划分若干排水区域；分析排水区域内污废水的性质，确定要不要处理及选择排水体制；根据污废水排放的位

置及地形确定排水方向及排水口的位置,并在平面图上沿道路及用地功能区布置排水主要沟管;排水沟管确定后,确定各管段负担的居民数、废水集中流量及雨水汇水面积;计算各管段负担的排水设计流量,估算管径及坡度,考虑管道标高。

②排水沟管的布置形式。排水管网一般布置成树状网,根据地形、竖向规划、污水处理厂的位置、土壤条件、河流情况以及污水种类和污染程度等分为多种形式,以地形为主要考虑因素的布置形式有以下几种:

- **正交式**　在地势向水体适当倾斜的地区,各排水流域的干管以最短距离沿与水体垂直相交的方向布置。特点是干管长度短,管径小,较经济,污水排放迅速。由于污水未经处理就直接排放,会使水体遭受严重污染,影响环境。适用于雨水排水系统。

- **截流式**　沿河岸铺设主干管,并将各干管的污水截流送至污水处理厂,是正交式发展的结果。特点是减轻了水体污染,保护和改善了环境。适用于分流制的污水排水系统。

- **平行式**　在地势向河流方向有较大倾斜的地区,可使干管与等高线及河道基本上平行,主干管与等高线及河道成一定倾斜角铺设。特点是保证干管有较好的水力条件,避免因干管坡度过大以至于管内流速过大,使管道受到严重冲刷。适用于地形坡度大的地区。

- **分区式**　在地势高低相差很大的地区,分别在高地区和低地区铺设独立的管道系统。高地区的污水靠重力流直接流入污水处理厂,而低地区的污水用水泵抽送至高地区干管或污水处理厂。优点是能充分利用地形排水,节省电力。适用于个别阶梯地形或起伏很大的地区。

- **分散式**　当村庄中央部分地势高,且向周围倾斜,四周又有多处排水出路时,各排水流域的干管常采用辐射状布置,各排水流域具有独立的排水系统。特点是干管长度短,管径小,管道埋深浅,便于雨水排放等,但污水处理厂和泵站（如需设置时）的数量将增多。适用于中央部分地势高、四周偏低的村庄。

- **环绕式**　可沿四周布置主干管,将各干管的污水截流送往污水处理厂集中处理,这样就由分散式发展成环绕式布置。特点是污水处理厂和泵站(如需设置时)的数量少。基建投资和运行管理费用小。

5. 污水处理

村庄污水处理系统要求:投资省、技术成熟、工艺简便、运行成本低、运行过程简单、便于维护保养、符合农村的生产生活实际。

针对农村生活污水，可以进行以下处理：

生活污水→化粪池→厌氧池→人工湿地（种植根系发达、喜湿、吸收能力强的美人蕉、水葱、菖蒲等植物）经"过滤"后排放的方法进行处理，主要适用于农村分散生活污水处理，建成后运行费用基本为零，使用寿命在10年以上。

污水经化粪池处理后进入调节池调节水量、净化水质，去除部分有机污染物，调节池的水经生物接触氧化池，去除部分有机污染物，生物接触氧化池中设有水下鼓风曝气系统增加水中溶解氧，促进好氧生物的新陈代谢，分解氧化有机物，从而达到去污的目的；生物接触氧化池出水进入沉淀池，去除脱落的生物膜，然后流入污水土壤自然净化系统，利用土壤—微生物—植物组成的生态系统对水中的污染物进行一系列的物理、化学和生物净化过程，使废水的水质得到净化和改善，实现达标排放。

污水采用集中处理时，污水处理厂的位置应选在镇区的下游，靠近受纳水体或农田灌溉区。

【能力转化】

- **调查活动**

1. 调查当地村庄的给水现状和给水方式。

2. 调查本地区目前的排水体制。并根据本地区的实际情况选择合理的排水体制。

3. 调查本地区目前的污水处理设施，根据本地区实际情况还需配备哪些污水处理设施？

- **简答题**

从饮水困难、饮水安全和饮水方便三方面调查当地村庄的饮用水情况。

项目三　电力电信规划

社会主义新农村建设中，为满足村庄生产和生活用电的需要，必须进行电力工程规划。村庄电力工程规划是根据村庄对电力的需求和当地的供电条件，预测用电负荷，确定电源和电压等级，布置供电线路，配置供电设施等，解决村庄用地、用水、运输等问题。村镇电信工程包括有线电话、有线广播、有线电视以及网络。电信工程的规划应由专业部门进行，涉及村庄建设规划需要统一考虑的主要是电信线路布置和站址选择问题。

一、村庄电力工程规划

（一）电力工程规划的基本要求

满足村庄各部门用电及其增长的需要；保证供电的可靠性要求；保证良好的电能质量，特别是对电压的要求；节约投资和减少运行费用，达到经济合理的要求；注意远期近期规划相结合，以近期为主，考虑远期发展的可能；要便于实现规划，不能一步实施时，要考虑分步实施。

（二）电力工程规划的基本内容

一般来说，电力工程规划的内容包括：村庄负荷的调查以及分期负荷的预测；村庄电源的选择；发电厂、变电站和配电所的位置、容量及数量的确定；供电电压等级的选择；确定配电网的连接方式及电线线路走向；选择输电方式；绘制电力负荷分布图；绘制电力系统供电的总平面图。

1. 用电负荷预测

电能用户的用电设备在某一时刻向电力系统取用的电功率的总和，称为用电负荷。影响用电负荷大小的因素很多，包括自然条件、用户特点、机械化水平、电气化水平、居民生活水平、村庄规模和性质等，要在收集现有资料，分析、归纳资料的基础上，从实际出发，科学确定未来的用电指标，预测用电负荷，以正确地为系统规划、变电所布局、电源的选择提供依据。

根据村庄电力用户的特点，一般将用户分为农业用电、工业用电和生活用电三类，分别计算负荷。

（1）农业用电负荷。农业用电包括农田耕作、农田灌溉、农业生产、农副产品加工和畜牧业生产用电等，可采用典型法预测，即根据典型设计或同类村庄的用电量进行估计。在村庄规划时，往往很难事先确定用户类型构成比例、用电设备多少、总额定功率等，可以通过调查与本地区自然地理条件、村庄规模相近，而电气化水平高又能代表本地实际发展方向的村庄，计算出每万亩耕地和每个农户（人口）的用电水平，作为本地区的规划标准，然后计算出最大负荷及年用电量。

（2）村工业企业用电负荷。村企业用电负荷包括动力、电热、电解、生产、照明等用电。估算方法可根据工业生产性质和产品类型，采取年产值单位耗电量（千瓦·时/万元）或平均职工年耗电量（千瓦·时/人）进行估算。

（3）生活用电负荷。生活用电包括住宅照明、公共建筑照明、道路照明、家用电器、供水、排水等用电。估算方法是根据收集到的资料，从现状出发来制定定额，同时要考虑随着经济的发展，居民生活水平逐步提高等因素。

2. 电源选择

村庄电源的选择是否合理，对充分利用和开发当地动力资源、减少电源的建设工程投资、降低发电成本、降低电网运行费用、满足村庄的用电需要等具有重要的作用。

（1）发电站。目前村庄主要是水力发电站和火力发电站。水力发电站一次性建造，投资虽然比较高，但运行费用低廉，是比较经济的能源。火力发电站燃烧煤、石油和天然气发电，一次性建造投资高，运行费用也高。

（2）变电所。变电所是指电力系统内，装有电力变压器，能改变电网电压等级的设施和建筑物。其作用为将区域电网上的高压变成低压，再分配到各用户。这种供电是区域电网供电，具有技术先进、运行稳定、供电可靠、电能质量好、容量大、能够满足用户多种负荷增长的需要以及安全经济等优点。因此，在有条件的村庄，应优先选用这种供电方式。变电所供电是目前我国村庄采用较多的供电方式。

3. 变电所的位置确定

变电所的选址应综合考虑以下原则：

（1）接近村庄用电负荷中心。以减少配电距离，降低配电系统的电能损耗、电压损耗、有色金属消耗量和配电线路的投资。

（2）进出线方便。便于各级电压线路的引入或引出，进出线要与变电所位置同时决定。

（3）不应设在有剧烈振动的场所。如易发生塌陷、泥石流、水害、落石、雷害的地方。

（4）交通运输方便。便于装运变压器等笨重设备，但与道路应有一定间隔。

（5）满足自然通风和散热条件。不应设在厕所、浴室或其他经常积水场所的正下方或与之毗邻。

4. 供电电压等级的选择

输、配电线路的电压，按国家规定分为高、中、低三档：高压线路的标准电压有 35 千伏、110 千伏、220 千伏、500 千伏等几种；中压线路的标准电压有 3 千伏、6 千伏、10 千伏三种，目前采用较多的是 10 千伏；低压配电线路为 380 伏、220 伏。

5. 确定配电网的连接方式及电线线路走向

（1）配电网的连接方式。配电网的连接方式一般有一端电源、两端电源和多端电源供电的电力网。

- **一端电源供电网**　是电力网中的用户或变电所只能从一个方面取得电能的电力网。一端电源供电网的特点是接线简单、经济，运行方便，供电可靠性低。
- **两端电源供电网**　是电力网中的用户或变电所可以从两个电源取得电能的电力网。环形网和双回路电网接线简单，运行、检修灵活，供电可靠性高。
- **多端电源供电网**　包含有能从三个或三个以上方面取得电能的变电所或负荷点。多端电源供电网可靠性高，运行、检修灵活，但是投资大，运行操作复杂。

（2）电线线路的布置。

①线路尽量沿道路和绿化带布置，路径力求短捷、顺直；

②供电线路一般采用架空方式，但不得跨越建筑物，为减少占地和投资，宜采用同杆并架的架设方式；

③线路要避开不良地形、地质的地段，避开长期积水场所和爆破作业的场所，在山区尽量沿起伏平缓且地形较低的地段通过；

④不同电压的架空电力线路与地面距离及接近、交叉、跨越各项工程设施的最小距离必须符合一定标准，避免对输电的干扰，保证线路的安全；

⑤变电站宜将工业线路和农业线路分开设置。

二、村庄电信工程规划

（一）有线电话

在村镇，通常集镇一级（即乡政府所在地）设有有线电话交换台，再向集镇内各单位用户和所属各村镇连接有线电话线路。集镇交换台通往上级电信部门的线路称为中继线，通往用户电话机的线路称为用户线。

有线电话交换台台址的选择：交换台应尽量接近负荷中心，使线路网建设费用和线路材料用量最少；便于线路的引入和引出。要考虑线路维护管理方便，台址不宜选择在过于偏僻或出入极不方便的地方；尽量设在环境安静、清洁和无干扰的地方。应尽量避免设在振动大、噪声强、空气中粉尘含量过高、有腐蚀性气体、易燃和易爆的地方；地理、地质条件适宜，不易发生塌陷、泥石流、流落石、水害等；要远离产生强磁场、强电场的地方，以免发生干扰。

（二）有线广播和有线电视

有线广播就是将由广播站产生的音频电流，经导线及变压器等设备传送到用户的扬声器上，转换为声音发出来的设备系统。

有线电视就是将有线电视台发出的视频信号，经电缆及分支器等设备传送到用户的电视机上，转换为图像和声音播放出来的设备系统。

有线广播站和有线电视台地址的选择：尽量设在靠近村庄有关领导部门办公的地方，以便于传达上级有关指示或发布有关通知；应尽量设在用户负荷中心，以节省线路网建设费用，并保证传输质量；尽量设在环境安静、清洁和无噪声干扰的地方，避免设在潮湿和高温的地方；要选择地理、地质条件较好的地方；要远离产生强磁场、强电场的地方，以免发生干扰。

（三）网络

在科学技术高度发展的现代社会，计算机越来越广泛地应用于各个领域，计算机在乡村也以惊人的速度得到普及发展。

计算机机房地址的选择：应尽量设在用户负荷中心，以节省线路网建设费用，并保证传输质量；应避免或远离无线电干扰源和强电力源，如高压线等；避开振动和噪声干扰的地区，如大型冲床、锻锤、铁路、通风机房等；避开环境污染区，如化工污染区、灰尘较多的工矿区或风沙区等；远离容易发生燃烧、爆炸、洪水和地势低洼地区，如化工库、油料库及其他易燃物堆料场；应选择电力、水源充足、环境清洁、交通运输方便的地方。

（四）村庄电信工程规划的内容

1. 有线电话线路的布置

有线电话线路的结构和电力线路结构一样，也分为架空线路和电缆线路两大类。一般村庄有线电话线路采用架空结构，在经济较发达的村镇，多采用电缆线路。

有线电话线路的布置原则为：电话管线应尽量不占耕地、不占良田，宜铺设在人行道下，或设在非机动车道下；管道中心应与道路中心线和建筑红线平行，管道位置宜与杆路同侧；线路走向应尽量短捷，做到"近、平、直"的要求，以节省线路工程造价；注意线路的安全。要避开不良地段和地质，防止地面塌陷、土体滑坡、水浸等对线路的破坏；线路布置必须符合有关规范间隔距离的要求；要便于线路的架设、维护和隐蔽。线路上应有覆盖物保护，并在地面设标志；避开有线广播和电力线的干扰。

2. 有线广播、有线电视线路的布置

有线广播、有线电视与有线电话同属于弱电系统，其线路布置的原则与要求基本相同。有线广播和有线电视线路的布置原则，可参照有线电话线路的布置原则执行。

【能力转化】

● 判断题

1. 供电线路一般采用架空方式，但不得跨越建筑物。 （　　）
2. 变电所不应设在有剧烈振动的场所。 （　　）
3. 有线电话交换台要远离产生强磁场、强电场的地方。 （　　）
4. 有线广播站地址应尽量设在用户负荷中心。 （　　）
5. 计算机机房地址应避开环境污染区。 （　　）

● 简答题

1. 调查本地用电负荷的预测过程。
2. 有线电话线路布置要注意哪些事项？

项目四　管线综合规划

管线综合规划要求综合协调各类工程管线，解决管线之间的矛盾，为管线的设计、施工和管理提供良好条件，创造高水平现代化的城市基础设施。

一、管线种类

本管线综合规划的管线包括：

1. 从一般意义分

给水（原水、自来水、净水、中水）；排水（雨水、污水、合流）；电力（架空线、电缆）；电信（电话、有线电视、有线广播、网络）；燃气；热力（蒸汽、热水、回水）。

2. 从输送方式分

光、电流管线（电力、电信）；压力管线（给水、燃气、热力）；重力自流管线（排水）。

3. 从铺设方式分

架空（电力、电信、热力）；地下铺设（直埋和综合管沟、适用于所有管线）。

4. 从弯曲能力分

可弯曲（电力电缆、电信光电缆、给水、燃气、热力）；不易弯曲（排水、电力管沟、电信管沟）。

二、管线综合布置原则

符合有关设计规范、规程；互相交叉时，应合理避让，保证安全。

三、管线综合规划内容

1. 平面布置

满足本系统布局要求；满足管线水平间距要求，如给水管与电力电缆之间保持 1 米的水平距离等；尽量铺设于道路下；尽量铺设在非机动车道和人行道下；平行于道路红线；减少交叉穿越。

2. 竖向布置

满足埋深或高度要求；满足管线垂直间距要求，给水管与电力电缆之间最小垂直净距为 0.2 米等。

3. 综合管沟

在地下设施较多的地区或交通极为繁忙的街道下，应把污水管道与其他管线集中设置在综合管沟中：集中布局多条管线；管路宜在机动车道下；宜同沟布设电信电缆、低压配电电缆、给水管、供热管、雨污水管；不宜布设燃气管。

4. 管线综合规定

（1）管线综合规划时，所有地下管线都应尽量设置在人行道、非机动车道和绿化带下，只有在不得已时，才考虑将埋深大、维修次数较少的污水、雨水管道布置在机动车道下。

（2）各种管线在平面上布置的次序。从建筑规划线向道路中心线方向依次为：电力电缆—电信电缆—煤气管道—热力管道—给水管道—雨水管道—污水管道。

（3）处理各种管线布置时发生冲突的原则。未建管道让已建管道，临时性管道让永久性管道，压力管让重力管（不同管线），小管道让大管道（同类管线），可弯曲管道让不易弯曲管道（不同管线），分支管道让主干管道（同类管线）。

（4）道路红线大于等于 30 米时，宜双侧布置给水配水管和燃气配气管，道路红线大于等于 50 米时，宜双侧布置排水管。

（5）管线相交时，自上而下宜为：电力、热力、燃气、给水、雨水、污水，按规范要求管线交叉均应保证有 10 厘米以上的竖向净距，并保证最上层管道满足安全最小覆土厚度。交叉点管线高程应根据排水管高程确定。

（6）架空管线中，同一性质的管线宜合杆架设。架空管线宜设在人行道上距离缘石不大于 1 米的位置，有分隔带的宜布置在分隔带内。

【能力转化】

● 调查活动

调查你所熟悉的村庄的管线布设现状。

单元六 社会事业设施规划

【教学目标】

● 知识目标

1. 使学生明确村庄公共服务设施的规划布置；

2. 使学生掌握村庄居住区总体平面布局、村庄道路的设计原则和住宅设计依据。

● 能力目标

1. 能正确分析当地实际情况，合理配置和规划公共服务设施；

2. 能正确规划村庄居住区、村庄道路和村庄绿化。

● 情感目标

1. 培养学生通过实践和自主探索来获取知识和技能的精神；

2. 培养细致耐心的做事风格，提升职业技能。

项目一 村庄公共服务设施规划

村庄公共服务设施是目前我国农村普遍缺乏的配套设施。村庄公共服务设施规划是关系群众切身利益的大事，对提高广大农民的生活质量和综合素质，对建设社会主义新农村具有重要意义。村庄公共服务设施是为居民提供社会服务的各种行业机构和设施的总称，其规划布局是否合理将直接影响居民的生活和村庄经济的发展。

一、公共服务设施配置

（一）影响村庄公共服务设施配置的因素

1. 区位

不同区位的村庄，其公共服务设施的配置情况会出现较大区别。离乡、镇、县比较近的村庄，可借助城区的公共服务设施，其自身的公共服务设施往往并不十分完善，但是位置相对独立、偏远的村庄，要满足村庄村民日常生活的需要，其自身的公共服务设施应比较全面。

2. 社会经济发展条件

社会经济发展水平不同，村庄公共服务设施配置也不相同。越是经济发展水平高的村庄，越重视公共服务设施的配置，公共服务设施就越齐全。

3. 人口规模

村庄公共服务设施的配置和使用人口的多少有比较直接的关系，因此在配置过程中要依照人口规模来确定公共服务设施配置的具体项目。

（二）村庄公共服务设施配置的原则

在村庄公共服务设施的配置上，一定要站在区域的高度，既注重社区本身的因地制宜，还要突出社区之间的联建共享；同时，分级分类规划设置，统一规划、分期建设。

1. 因地制宜，突出特色

村庄公共服务设施建设应根据地方实际，因地制宜，差异化发展，不搞一刀切。村庄公共设施的配置要以满足农民的实际需要为根本原则和目标，根据地方经济和社会发展程度、现状地形和地理气候、长期形成的生产生活习惯等条件综合确定配置的种类和数量，发展有特色的项目。

如农民会所或农贸集市等，必须根据当地实际情况，考虑是否建造；农民文化活动场所等，要结合当地群众的喜好区别发展。

2. 统一规划，统筹安排

村庄公共服务设施可以由村庄居民选择公共服务设施项目，各部门单位提出自己的建设标准、要求，由专门机构牵头统一规划，统一各渠道建设资金，专户管理，集中使用，设定公共服务区块内的具体功能划分，避免形成社会事业设施名目繁多、功能交叉重复，投入资金分散无度，造成资源浪费、效率低下的状况，发挥有限资源的集聚效应。

为保证群众最基本的生产生活服务需求，中心居住点公共配套设施按"五位一体"原则进行统一规划布置：即对村行政办公、文体活动、医疗服务、幼托教育、物质供销便民服务等五类配套设施进行统一集中规划。

3. 量力而行，分期建设

公共服务设施建设既要突出前瞻性，适应村庄人口结构变化和城镇化发展的趋势，又要从现实条件和可能出发，防止贪大图洋，过分超前，脱离实际。

可以分步实施，先预留土地，先建设一些文体设施、卫生服务站、农资连锁店等必需的服务设施，等有条件了，居民积聚到一定程度，再根据需要增加一些菜场、托儿所、会所等公共服务设施。结合村庄的实际发展，处理好近期建设和远期发展的关系，适当预留土地，一般500户住户，居民达到2 000人以上的村庄提前预留5～8亩土地，用于社会事业设施建设是适当的，也是必需的。

4. 联建共享，节约资源

在建设节约型社会的大背景下，村庄公共服务设施的配置必须提倡节约。对于投资较大、服务人口较多的公共服务设施，可视具体情况，由多个村庄联建共享，形成一定地域的公共服务中心，以免人力、物力和财力的浪费；同时通过就地取材，降低设施配置的成本，并保持村庄的自然特色与人文景观，形成良好的循环利用模式。

（三）村庄公共服务设施的配置

1. 公共服务设施体系

村庄公共服务设施应以乡镇和村庄两个层次的居民为依托，补充需要特殊配置的村庄，构建一个复合的公共服务设施体系，避免重复建设，达到联建共享、层次分明的配置要求。各村公共服务设施项目的配置，应在镇区配置基础上进行完善和补充，使之具有较强的针对性。

村庄公共服务设施见表6-1、图6-1。

表6-1　村庄公共服务设施

类　别	项　目
行政管理类	包含党政机构、派出所、村委会和其他管理机构
教育机构类	包含高级中学、初级中学、小学、托幼机构
医疗保健类	包含卫生院、防疫保健站、计生指导站、医务室、敬老院
文体娱乐类	包含文化站、青少年中心、老年中心、广播站、体育场馆、图书馆和影剧院
商业金融、集贸市场类	包含小型超市、日杂用品店、招待所、餐饮小吃店、理发店、浴室、洗染店、照相馆、综合商店、书店、药店、蔬菜副食市场、禽畜及水产市场、小商品批发市场等

村委会　　　　　　　　　　　　　图书馆

图 6-1　公共服务设施

2. 村庄公共服务设施配置项目

调查村庄及其近邻现有的公共服务设施项目的数量和规模，作为配置项目的依据，将其计算在配置额度之内。根据《村镇规划标准》，村庄要完善相应的公共服务设施（表 6-2）。

表 6-2　村庄公共服务设施配置项目分类表

| 类　　别 | 项　　目 | 公共服务设施项目配置 | | |
		性质	说　　明	特殊配置
行政管理	1. 村委会	管理型	政府投资 强制建设	山区居民点或少数民族聚居地属于特殊配置类型，此类村庄必须设置管理型和公益型服务设施，同时部分经营型设施也应当强制设置（小型超市等），具体根据村庄需要酌情考虑，以保障村民的生活质量
	2. 其他管理机构	管理型		
教育机构	3. 完全小学	公益型		
	4. 托幼机构	公益型		
医疗卫生	5. 计生指导站	公益型		
	6. 医务室	公益型		
文体娱乐	7. 文化站	公益型		
	8. 青少年、老年中心	公益型		
商业服务集贸市场	9. 小型超市	经营型	①市场调节，灵活设置； ②满足购物、交易等其他基本商业活动的需要； ③可结合村民住房进行改造，达到节约资源、方便居民生活的目的	
	10. 粮油副食店	经营型		
	11. 日杂用品店	经营型		
	13. 餐饮小吃店	经营型		
	14. 理发室、浴室	经营型		
	15. 洗染店	经营型		
	16. 综合修理服务	经营型		

3. 村庄公共服务设施的配置标准

村庄公共服务设施配置标准应遵照国家规范，参照地方标准，指导具体的公共服务设施规划建设，以便更好地为村民服务。

（1）行政管理设施。设置村委会、居委会为村庄管理提供基础，从而提高整个农村社会的管理与服务水平。

（2）教育设施。按照提高教学质量、方便学生入学、保证学生安全的原则，一般在镇区以上城镇设中学，中心村以上村镇设小学，基层村设学前教育设施。距中心村小学较远的基层村，可设小学分校或初级小学，安排低年级小学生就近入学。

（3）医疗卫生设施。村镇医疗卫生设施按综合医院、乡镇卫生院和村卫生室（所）三级配置。综合医院主要设置在人口5万以上的中心镇区，乡镇卫生院设置于本镇区或乡驻地，中心村应设村卫生所，基层村要设标准化卫生室。

村卫生室应按照方便群众、合理配置卫生资源的原则设置。一般一个行政村设一所村卫生室，人口少的临近行政村可以联合设置卫生室。村卫生室服务范围以步行30分钟能到达为宜。偏远地区和人口较多的行政村也可适当增设服务网点。乡镇卫生院所在地的行政村可以不设村卫生室。

（4）文化体育设施。文化体育设施的设置不应强求统一的标准，应根据村民的实际需要进行配置，量力而行。在实际操作中应尽可能利用村庄内闲置的建筑和场地来布置。

中心镇体育设施应包括体育场、游泳池（馆）和体育馆等。一般乡镇体育设施包括室内体育活动中心和室外活动场地；中心村、基层村一般不单设体育场地，体育活动设施与村民委员会、村民广场、绿化用地综合布置。

中心镇文化设施应包括儿童乐园、青少年宫、老年活动中心、俱乐部、科技信息中心、图书馆、影剧院、展览馆、文化站、电视转播台等；一般乡镇文化设施包括青少年活动中心、老年活动中心、科技信息服务站、图书馆、影剧院、文化站等；中心村文化设施包括文化活动中心、信息服务中心、图书室、影剧场等；基层村设文化活动室、图书室、影剧场等。

（5）商业服务和集贸市场设施。商业服务设施应根据村民的实际需求和村庄的具体发展要求灵活设置，也可以结合村民的住房进行改造以节约资源，方便生活。

集贸市场最好设置在乡镇级或中心村配置体系中，以便更好地发挥其规模效应。

二、公共服务设施规划

（一）村庄公共中心的布置形式

村庄公共中心是村庄主要公共服务设施分布的集中地区，也是居民进行政治、经济、文化等社会生活活动比较集中的地方，其小广场式、沿街线状、小广场式与沿街结合等几种布置形式（图6-2）。

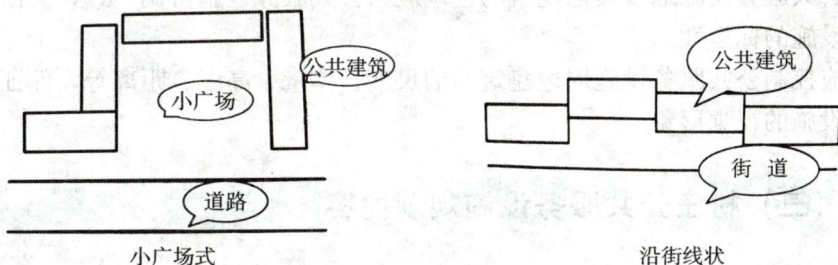

图6-2 村庄公共中心布置形式

1. 小广场式

它是以小广场为中心，沿小广场四周布置公共建筑。这种公共中心既可作为购物中心，又可作为集会广场，还可以作为农忙晒场或露天电影场。

这种布置应注意合理组织日常交通运输和地方节日人流的聚散，以免发生拥塞现象。

2. 沿街线状

它是将公共建筑沿街道的一侧或两侧集中布置。这种形式易形成具有浓厚生活气息的街景，对改变村庄面貌有较显著效果，是我国村庄公共中心的传统布置形式。

3. 小广场与沿街结合

这种布置形式是前面两者的综合布置形式。由于沿街式的建筑空间序列较单调，从而引入小广场式，这样可以丰富沿街建筑空间序列，使建筑空间有紧有松，形态多变。

（二）村庄公共服务设施规划的基本要求

贯彻节能、节水、节地、节材和保护生态环境的基本国策，考虑太阳能、浅层地能等可再生能源在建筑中的应用。

根据村镇区位、环境、交通等因素，综合考虑建筑的布局和造型。

尊重地方文化，延续历史文脉，建设具有地域特色的现代建筑，创建能够承载历史记忆和时代特点的精品公共建筑。

历史风貌建筑以及有价值的近现代建筑的改扩建，在规划中应予以保护，改扩建部分要与原有建筑相协调。

公共服务设施周边的建筑及公共艺术品、园林景观必须与主建筑协调，共同形成公共服务设施风貌区。

公共服务设施地段其他建筑的色调应与公共服务设施协调一致，突出公共服务设施的标志性。

应控制公共服务设施周边建筑物的尺度、体量、高度、距离等，保证公共服务设施的视觉形象。

■ （三）村庄公共服务设施规划内容

1. 村庄公共中心的规划布置

村庄公共中心的位置要从现状出发，充分利用原有基础，根据实际情况可对原有建筑、设施采取保留、改造和扩建等办法。但如果原有的公共中心位置不当或不好改建时，可考虑重新选址。

一般公共中心要选在交通方便、自然条件较好的地方。

2. 村委会、居委会的规划布置

村委会、居委会一般不宜与商业、服务业混在一起，宜布置在中心区的边缘，且独立、安静、交通方便的地段。

3. 教育设施规划布置

（1）中、小学校和幼儿园选址应在交通方便、地势平坦、开阔、空气清新、阳光充足、环境安静、排水通畅的地段；要方便家长接送，避免交通干扰。

（2）教育设施要选在不危及学生、儿童安全的地段。学生上学不宜穿越铁路干线和主干道以及人多车杂的地段；学校主要入口避免朝向公路；学校教学区与铁路、城镇干道或公路之间保持一定的距离；学校选址应避开建筑物的阴影区和不良地质区；架空高压输电线、高压电缆等不得穿越校区。

（3）学校不应与集贸市场、公共娱乐场所、医院传染病房、太平间、公安看守所等不利于学生学习和身心健康以及危及学生安全的场所毗邻。

（4）新规划的学校用地应确保有足够的面积及合适的形状，能够布置教学楼、操场和必要的辅助设施。

（5）教育设施选址应远离各种污染源，各类有害污染源（物理、化学、生物）的距离应符合国家有关防护距离的规定。

4. 医疗卫生设施规划布置

（1）医疗卫生设施的选址，应方便群众，满足突发灾害事件的应急医疗需要。

（2）医疗卫生设施的选址，要位置醒目，尽量选在次要干道上，交通方便又不嘈杂、环境安静、阳光充足、通风良好的地段。

（3）中心村卫生室的设置要力求位置适中，兼顾多村一室、联村设室的要求。

（4）村卫生室（所）宜布置在村庄适中位置，宜与村民中心或村委会统一布置；村卫生所必须设诊疗室、治疗室、观察室、药房、值班室，五室应分开。

（5）医疗卫生设施要远离污染源；应处于居住集中区下风位置；与少年儿童活动密集场所保持一定距离；远离易燃、易爆物品的生产和储存区，远离高压线路及其设施。

（6）乡镇卫生院、防疫站、计划生育服务中心应集中设置。

（7）有传染病区、有放射性或需要特殊隔离的医院，应在周边设置隔离措施。

5. 文化体育设施规划布置

文化体育设施的选址应在村镇中心用地宽敞、阳光充足、空气清新的地段，应配建广场、绿地、停车场等，为避免对居民的干扰，应与住宅区保持一定距离。一般乡镇以下的文化体育设施可与其他公共服务设施集中布置，形成村镇活动中心。

6. 商业、集贸设施规划

（1）商业服务设施应尽量集中布置，使其形成一个较繁华的公共活动中心。

（2）集贸设施的选址应有利于人流和商品的集散，不得占用公路、镇区干路、车站、码头、桥头等交通量大的地段；不应布置在文化、教育、医疗机构等人员密集场所的出入口附近和妨碍消防车辆通行的地段。

（3）重型建筑材料市场、钢材市场、牲畜市场等影响镇容环境和易燃易爆的商品市场，应设在乡镇村区的边缘，并应符合卫生、安全防护的要求。

（4）集贸设施用地面积应按平常集会人流规模确定，并应安排好大集或商品交易会时临时占用的场地，休集时应考虑设施和用地的综合利用。

（5）菜市场原则上要求独立设置，人口密度较低地区,菜市场无法覆盖的地区应增设菜店,可结合公共建筑或居住底层门面设置,服务半径不大于 500 米。

（6）集贸市场应配置 1 处公共厕所、1 处垃圾收集站（点），以及一定的机动车和非机动车停车场地。

【能力转化】

● 调查活动

1. 调查你所熟悉的一些村庄现有的公共服务设施项目。并结合实际，分析这些村还应配置哪些公共服务设施项目。

2. 调查你所熟悉的村庄的公共中心布置形式。

3. 分析你所在村庄的公共服务设施项目的配置是否合理。

项目二　村庄居住区规划

居住区是城市居民居住和日常活动的区域。居住区规划是指对居住区结构、住宅群体布置、道路交通、生活服务设施、各种绿地和游憩场地、市政公用设施和市政管网各个系统等进行综合、具体的安排，为居民创造一个适用、经济、美观的生活居住用地条件。根据新农村建设的"生产发展、生活宽裕、乡风文明、村容整洁、管理民主"20 字方针，村庄居住区的规划设计就要考虑"村容整洁"，但是如果只注重村容整洁，就会流于单调呆板，形成千村一面的局面。

一、居住区住宅规划

（一）村庄居住区住宅规划要考虑的因素

在规划时要全面整体考虑村庄美观、村容整洁等各方面的因素；注重各村的村情和地方特色，因地制宜，突出各村特点；规划应相对集中，遵循有利生产、方便生活的原则，以便统一实施村庄基础设施、公共服务设施等配套建设，节约资金。

（二）村庄居住区总体平面布局

村庄居住用地应根据地形、地貌、规模来布置，村庄居住用地常见的平面布置形式有三种。

1. 带状布局

特点　住宅沿着河堤或道路成带状布置。

优点　布局简单，朝向、通风、采光良好，离耕地较近。

缺点　如果规模较大，会造成联系不便，有碍生产、生活及管理。

适用　适用于规模较小的村庄。

2. 块状布局

特点　住宅成片布置。

优点　居住集中，缩短了交通路线，可以充分利用公共设施，用地紧凑节约。

缺点　必须有成片的土地。

适用　适用于地势平缓的山坡和丘陵，以及平原地区不同规模的村庄。

3. 自由布局

特点　住宅结合自然地形，或沿道路、河流、沟渠自由布置。

优点　如果使建筑物的朝向有规律的变化，以避免布局上的紊乱，就会取得步移景异的效果。

缺点　布局紊乱，分散。

（三）村庄住宅建筑类型

村庄居住区建筑大致可分为农房型和城市型两类（图 6-3）。

1. 农房型住宅

由于各地地形、气候条件的不同，从事的产业不同，对住宅的要求也不相同，目前农房型住宅有以下几种：

（1）独立式住宅。是指独门、独户、独院，不与其他建筑相连。

优点　居住环境安静，受周围环境的影响小；建筑四周临空、平面组合灵活，采光、朝向、通风好。

缺点　占地面积大，不利于提高土地利用率，且单体造价高。

独立式住宅带有院落，给村民住户提供的居住环境较接近自然，比较受欢迎，我国农村大都采用这种形式。

（2）双拼式住宅。是指两户村民住宅连在一起修建一幢房子。

优点　平面组合灵活，采光、朝向、通风较好；用地和造价较为经济。

缺点　交通不便，相互干扰影响比较大，不利于防火。

（3）联排式住宅。三户以上村民住宅建筑进行拼连而成。

优点 用地和造价上都更为经济，适宜集体供暖、供水。

缺点 拼连户数不宜过多，否则居民间相互干扰，影响大，且不利于防火。联排式住宅的拼连长度不宜超过 50 米。

2. 城市型住宅

城市型住宅就是单元式住宅。

优点 单元式住宅建筑紧凑，有利于提高容积率，节约土地；单元式住宅的成片建筑有利于工程设备管线的铺设，节约了管线长度，便于管理。

缺点 需要成片规划开发。

由于居民的生活习惯和生产方式与城市居民不同，所以必须经过调查研究，对村庄住宅单元单独进行设计，决不能照搬城市的单元式住宅。

农房型（独立式）　　　　　　　农房型（双拼式）

农房型（联排式）　　　　　　　城市型

图 6-3　村庄居住类型

（四）村庄居住区规划内容

1. 居住区位置和村庄居住建筑类型的选择

居住区应在村庄中心的位置，宜选择在地势较高、卫生条件较好、不易遭受自然灾害的地段；要尽量接近景观较好的地方；应尽可能在少受噪声的干扰和有害气体、烟尘的污染的地段；居住区要有适当的发展余地。

居住建筑的规划布置是居住区规划的重要内容。居住建筑的形式是整个居住区风格的基调，对居住区的风格起主导作用。住宅建筑类型与家庭结构、生活方式、生活习惯、地方特点和宏观的社会经济背景有关。因此，在进行村庄居住区规划之前，要首先合理地选择和确定住宅的类型。

2. 村庄住宅布置的基本要求

（1）日照要求。阳光对人的生理卫生有很大的影响，因此，在布置住宅建筑中应适当利用日照，在冬季应争取最多的阳光，在夏季则应尽量避免阳光照射时间过长。日照间距是保证住宅获得充足日照的一个最基本指标。

日照时间是以该建筑在规定的某一日内能受到的日照时数为计算标准的。我国以太阳高度角最低的冬至日和大寒日为规定。

前后两排房屋之间为保证后排房屋在规定的时日获得所需日照时间而保持的一定间距称为日照间距。

日照间距可用计算方法求得，即根据冬至日或大寒日正午前后居室获得的连续日照时数的多少来确定，并以太阳照射到住宅底层窗台面为计算依据（图6-4）。

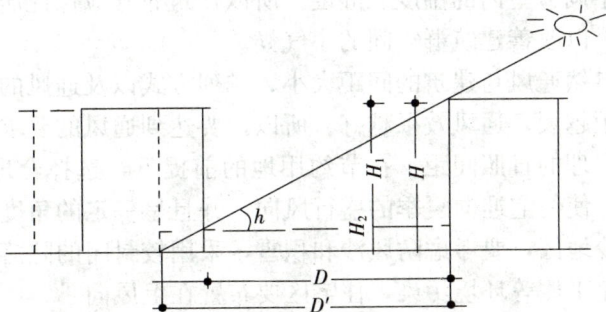

图 6-4　日照间距

$$D=\frac{H-H_2}{\text{tg}h}$$

式中　D——日照间距；

H——前排房屋的高度；

H_2——住宅底层窗台面下沿高度；

h——正午太阳高度角。

注意：在山坡上建房时，日照间距要因坡度的朝向而异，进行调整。向阳坡上的间距可以缩小，而背阳坡则应把间距加大。

（2）朝向要求。住宅建筑的朝向是指主要居室的朝向。

合理选择住宅建筑的朝向，以满足居室获得较好的采光和通风，是住宅群体布置中首先要考虑的问题。

住宅的朝向与地理位置、日照时间、常年盛行风向、地形、当地气候条件及建筑用地情况等有关，如靠近山谷的地区，其昼夜之间的温差将引起风向的变化。

建筑朝向选择的总原则是：在节约用地的前提下，要满足冬季能争取较多的日照，夏季避免过多的日照；夏季有良好的自然通风，冬季避免冷风吹袭；兼顾居住建筑组合的要求。

从长期实践经验来看，南向是全国各地区都较为适宜的建筑朝向，北方地区历来形成的坐北朝南的住宅为最佳，但在建筑设计时，建筑朝向受各方面条件的制约，不可能都采用南向。这就应结合各种设计条件，因地制宜地确定合理建筑朝向的范围，以满足生产和生活的要求。其他朝向的优劣顺序大致为东南、东、西南、北、西。

（3）通风要求。住宅通风是指自然通风，良好的通风不仅能保持室内空气新鲜，也有利于调节室内的温度和湿度。所以建筑布置应保证居室及院落有良好的通风条件，以改善建筑群空间的小气候。

建筑群的自然通风与建筑的间距大小、排列方式以及迎风的方向等因素有关，如建筑间距越大，通风效果越好。所以，要达到通风的要求，应从以下几方面考虑：①合理的日照间距：在节约用地的前提下，选择合理的日照间距；②合适的朝向：使住宅迎向夏季的盛行风向，并且呈一定的角度；③防风沙和积雪：某些寒冷地区，要考虑防风沙和积雪，采用较封闭的院落布置；④置于上风向：为避免工厂等环境污染，住宅区要布置在上风向。

（4）安全要求。

①防火。在建筑设计中应采取防火防震措施，以防火灾和地震的发生和减少灾害对生命财产的危害。应保持一定的防火间距，要求在总平面设计中，根据建筑物的使用性质、火灾危险性、地形、地势和风向等因素，确定建筑物之间应保持的防火间距，以避免建筑物相互之间构成火灾威胁和发生火灾爆炸后可能造成的严重后果，并且为消防车顺利扑救火灾提供条件。同时要考虑建筑物的耐火等级，建筑耐火等级越低越易遭受火灾的蔓延，防火间距应加大。一般多层住宅间的防火间距应≥6米。

依据国家《民用建筑设计防火规范》，民用建筑防火间距见表6-3。

表 6-3 民用建筑防火间距

单位：米

耐火等级	一、二级	三级	四级
一、二级	6	7	9
三级	7	8	10
四级	9	10	12

建筑物应设置安全出口。为减少火灾伤亡，建筑设计要考虑安全疏散，公共建筑的安全出口一般不能少于两个，影剧院、体育馆等观众密集的场所，要经过计算设置更多的出口。楼层的安全出口为楼梯，开敞的楼梯间易导致烟火蔓延，妨碍疏散，封闭的楼梯间能阻挡烟气，利于疏散。

②防震。居住区位置的选择应尽量避免布置在不稳定添土堆石地段及地质构造复杂地区，如断层、风化岩层等。地震烈度在 6°以下的地区不需要进行抗震设防，烈度在 9°以上的地区不宜用作建设用地。

在地震区，房屋的设计必须考虑抗震。房屋的体型一般应平直简洁；层数不宜太高；道路应平缓畅通，便于疏散，并布置在房屋倒塌范围之外（房屋的防震间距一般为两侧建筑物主体部分平均高度的 1.5～2.5 倍）；设置安全疏散场地（可结合公共绿地、利用学校或公共建筑的室外场地）；在一定范围的住宅区备有第二水源或利用原有水井。

（5）美观要求。村庄居住区是村庄总体形象的重要组成部分，居住区规划应根据当地建筑文化特征、气候条件、地形、地貌特征，确定布局和格调。应在适用、经济的前提下，将各类建筑、道路、绿化等物质要素，运用规划、建筑等手法，布置成一个特色鲜明、造型美观、色彩和谐、空间丰富、布局严谨、富有生活气息的居住环境。

3. 村庄居住区建筑的平面布置

村庄住宅的布置要根据当地环境、风向、日照、住宅本身的类型等，结合规划师的设计指导思想进行。主要有下面几种形式：

（1）行列式布置。住宅建筑按一定朝向和合理间距成排成行地布置，形式比较整齐，有较强的规律性（图 6-5）。

优点 能使绝大多数居室获得良好的日照和通风，是目前我国很多地区广泛采用的一种方式。

缺点 处理不好会造成单调、呆板的感觉，容易产生穿越交通的干扰。

措施 为避免这些缺点的产生，常采用山墙错落、单元错接、矮墙分割以及改变某一组住宅朝向等手法。

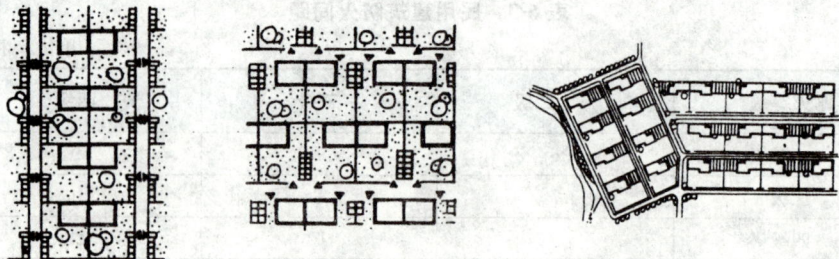

图 6-5　行列式布置

（2）周边式布置。住宅建筑或院落沿街坊周边布置（图 6-6）。

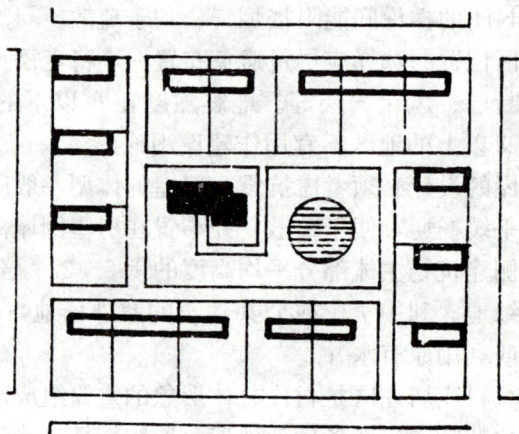

图 6-6　周边式布置

优点　这种布置形式形成近乎封闭的院落空间，具有一定的空地面积，便于组织公共绿化、休息园地；对于寒冷及风沙严重的地区，周边建筑可阻挡风沙、减少积雪和寒风袭击；可提高居住建筑密度，有利于节约用地。组成的院落比较完整、安静。

缺点　部分住宅居室朝向较差；转角单元结构施工较复杂，造价较高；转角的存在使抗震效果降低。

（3）自由式布置。从实际出发，兼顾日照和通风要求，密切结合地形，灵活自由又有规律地成组布置住宅（图 6-7）。

自由式布置充分结合地形起伏状况和道路弯曲相宜布置，适宜于山地、丘陵地区等地形变化较大的地区。

（4）混合式布置。是采用以上几种方式的结合进行布置的形式（图 6-8）。

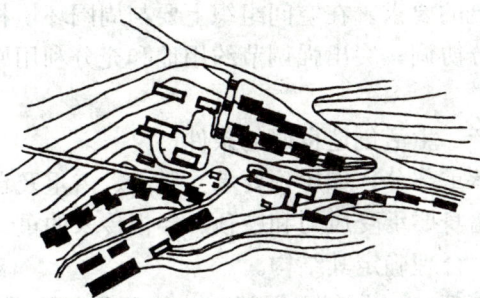

图 6-7　自由式布置

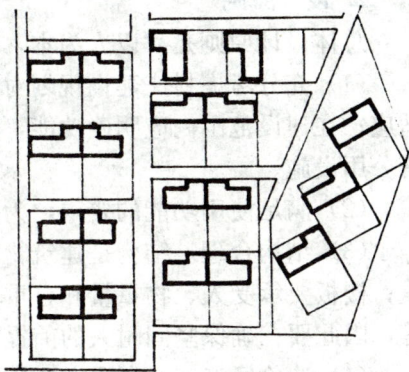

图 6-8　混合式布置

最常见的往往以行列式为主，以少量住宅或公建沿道路与院落周边布置，另结合部分点式住宅，形成半开敞的院落空间。

混合式布置既保留了行列式和周边式的优点，也避免了一些缺点，被广泛采用。

二、居住区住宅设计

■ （一）新农村住宅应具备的特点

新农村房屋设计要求结构紧凑、功能合理、适用美观、安全卫生。主要有以下几个特点：造型新颖，节约用地；布局合理，经济实用；功能完善，安全卫生；舒适美观，协调环境；地域明显，特色突出。

■ （二）村庄住宅设计的依据和原则

1. 村庄住宅设计的依据

（1）基址自然条件。指基址的位置、地形、坡向、高程、地质、水文、地震烈度、冻土深度、日照、盛行风向、气候条件及基址面积、长宽尺寸等。

（2）建筑环境。指基址周围地物地貌、山水林木、道路及公用设施分布、走向等利用的可能和施工条件、建筑材料来源等。

（3）设计要求。指建设者的使用要求、建设规模、投资数量和国家规定的有关设计标准。

2. 设计原则

总体设计原则是"以人为本，安全、适用、经济、美观"。

（1）充分考虑村庄建设规划对建筑的要求。在空间组织上要与周围环境相适应；在建设范围内应明确功能，区分协调；突出强调节约用地和充分利用原有公用设施。

（2）满足使用功能的要求，为生产、生活创造良好的条件。

（3）结构合理。结构是建筑物的承重部分，如屋顶要承受风力、雪重及自重；楼板要承受人、物重量和自重；墙身要承受风力和屋顶、楼板传来的重量等，因此要在确保坚固耐久的前提下，合理确定其结构。

（4）造价经济。在布局上要紧凑合理，充分利用空间，节约面积和用地；在选材上要就地取材，因地制宜，善于运用先进技术，节省人力、财力和物力。

（5）要与当地的自然环境相吻合，适应当地的风俗习惯。

（6）造型美观。要通过体型、材料、质感、色彩、装饰等，产生良好的艺术效果。

■■■■ （三）村庄住宅设计

1. 合理设计和选择住宅类型

（1）住宅建筑经济与用地经济的关系。

①住宅层数。从用地经济的角度，提高层数节约用地。住宅层数在 $3\sim5$ 层时每提高 1 层，每公顷可增加建筑面积 $1\,000米^2$，而 6 层以上，效果将显著下降。6 层住宅无论从建筑造价和节约用地来看是比较经济的。

②进深。住宅加大进深有利于节约用地。

③长度。单元拼接越长，山墙越省，利于降低造价和采暖费，但拼接不宜过长。

④层高。层高影响建筑造价和用地。层高每降低 10 厘米，能降低造价 1%，节约用地 2%。

（2）合理选择住宅类型。住宅标准包括面积标准与质量标准，受使用对象、市场的影响。

①套型。是指每套住房的面积大小和居室、厅及卫生间的数量，如一室一厅、二室二厅一卫、三室二厅二卫等。

②套型比。是指各种套型的建造比例。在确定套型比时，应参照当地的人口结构及普遍的需求。平衡方法有三种：选用多种套型的住宅，在一个单元或

一幢住宅内进行平衡；二是选用单一套型住宅，在几幢住宅或更大范围内平衡，三是以上两种方法进行结合。

③住宅层数和比例。受用地、建筑造价、施工条件、生活水平、市政工程、环境等影响。

④住宅类型。要适应当地的自然气候条件和居民生活习惯；要有利于节约用地；住宅的外观、门楼和村庄景观的设计要能体现本村地方特色，代表整个村庄的区域特色。

2. 农村房屋的发展趋势

随着农村经济的增长，社会综合发展能力的增强，农民的生活水平不断得到提高，人们对住房的要求将越来越高。目前农房发展趋势，主要体现在：

（1）充分有效地利用土地面积，节约用地。村庄将相对集中，生产区、生活区逐步分离，农房向多层发展，三四层将成为今后发展的主流。

（2）室内采光通风良好，厕所浴室配套，住房卫生舒适。晒场不出门，生产交通工具入库，沼气、太阳能等清洁能源正逐步在农村中推广。

（3）房屋设计更趋特色，施工更趋规范，农房建筑质量更有保证。建房有设计图纸，施工用专业队伍，建筑材料使用新型材料，并讲究室内外装饰，造型新颖又体现传统特色。

3. 村庄住宅建设应注意的问题

（1）使用标准设计和设计图纸。设计图纸是专业技术人员经过科学合理布局，综合考虑结构功能、使用功能和各种因素，进行周密计算的结果，安全可靠。使用设计图纸还可避免建房上的盲目性、随意性，减少人为浪费。

（2）请专业队伍或专业人员施工。专业施工队伍的施工机具配套，施工工艺先进，尤其是使用新型建筑材料。如钢筋混凝土的性质及施工方法、关键部位的处理等，有较丰富的经验，质量验收标准掌握得好，可保证工程质量，达到设计要求。费用执行国家规定的统一标准，价格合理，讲求信誉，是民间零散施工人员所不及的。

（3）按村庄建设规划建房。经政府批准的村庄规划是一个村庄几年甚至十几年、几十年建设的发展蓝图，如自作主张、乱占空地或随意在原宅基地上建房，势必造成今年建明年拆的局面，村庄的公共基础设施、公益福利事业的建设也将受到影响。

总之，建新式农房要注意自觉服从整体规划，尊重科学，勇于破除守旧观念。

三、居住区道路规划

（一）村庄居住区道路功能和分级

1. 功能

（1）日常交通。以大量的步行、自行车为主，兼有客运交通。

（2）生活服务的运输。日用商品运输、垃圾、搬家、救护、消防等。

（3）埋设工程管线。雨、排水、给水、电力、电线、煤气等。

（4）景观走廊。

2. 分级

根据居住区规模的大小、居民出行的交通方式、交通量的大小和市政工程管线的布置四个要素，居住区道路一般可以分为三级或四级（表6-4）。

表6-4　居住区道路分级

级别	道路	特　　点	红线	车行道	人行道
第一级	居住区级道路	是居住区的主要道路，用以解决居住区内外交通的联系	20～30 米	9～14 米	设人行道
第二级	居住小区级道路	是居住区的次要道路，小区内连接各个组团、公建的道路，用以解决居住区内部的交通联系	12～15 米	7～8 米	设人行道
第三级	住宅组团级道路	是居住区内的支路，连接各住宅（住宅级）的道路，用以解决住宅组群的内外交通联系	一般≥8 米	4～5 米	不单独设人行道
第四级	宅前小路	通向各户或各单元门前、住宅入口（户前）的小路	一般路面宽2～3 米		

此外，综合考虑规划方案中的结构布置、交通需求、环境及景观布置，居住区内部道路的分级可适当增减如商业步行街、滨水景观休闲步道、专供步行的林荫步道等，其宽度根据规划设计的要求而定。

（二）居住区道路设计原则

顺而不穿，通而不畅；分清主要道路与次要道路及宅旁小道的等级关系；根据实际情况，实现人车分流，车行道与步行道各成系统。

（三）居住区道路交通规划布置的基本要求

1. 结合各种条件

根据地形条件、气候因素、居住区规模和用地四周的环境条件，以及居民的出行方式等，建设安全、方便的居住区道路交通系统。在保证技术、经济前提下，尽可能结合地形和现有建筑与道路，创造宜人的居住环境。

2. 公共交通线引入

有公共交通线引入时，应采取措施，减少噪声对居民的干扰。

（1）小区级道路避免过境车辆穿行，但应方便消防车、救护车、商店货车和垃圾车通行。

（2）组团级道路应方便居民出行和利于消防车、救护车通行，同时应维护院落的完整性和利于治安保卫。

3. 道路的宽度

除满足居住区人流、车流交通通行外，各级道路应满足日照间距、通风和地上、地下工程管线的埋设要求。

人行道设于车行道的一侧或两侧，主要供行人通行、道树绿化和地下管线布置。

单车道每隔 150 米左右应设置车辆会让处。

4. 出入口布置

出入口即居住区与其他村庄、乡镇县道路的连接。

（1）为避免进出居住区的车流与城市道路车流的相互干扰，居住区出入口一般不允许布置在城市快速路、主干路上。同时，城市道路交叉口 70 米范围内也不宜布置居住区出入口。

（2）居住区道路与城市次干道、支路相接时交角不宜小于 75°。

（3）每个居住区至少有两个车行出入口，居住区道路出口间距应不小于 150 米。

（4）为减少人流和车流的干扰，一般情况下，居住区人行和车行出入口尽可能分开布置。

（5）为方便行人和车辆进出，保证紧急情况下的疏散和救护，居住区内主要道路至少有两个方向与外围道路相连。

（6）当沿街建筑物长度超过 150 米时，应设不小于 4 米×4 米的消防通道。当建筑物长度超过 80 米时，应在底层加设人行通道方便行人进出，满足紧急情况下的疏散与救护。

（7）在居住区内公共活动中心，应设置为残疾人通行的无障碍通道。通行轮椅车的坡道宽度不小于 2.5 米，纵坡不应大于 2.5％。

（四）居住区道路规划内容

1. 村庄道路网

路网布置应充分利用和结合地形，如尽可能结合自然分水线和汇水线，以利于雨水排出，在多河地区，道路宜与河流平行或垂直布置以减少桥梁和涵洞的投资。丘陵地区则应注意减少土石工程量。

居住区内主要干道的布置形式常见的有：环通式、尽端式、半环式、混合式等，一般用于地形较平坦的居住区。

2. 村庄道路横断面组成及宽度

（1）居住区道路由车行道（机动车道和非机动车道）和人行道两大部分组成。

居住区道路横断面需要保证车辆（机动车、非机动车）、行人的通行以及绿化行道树、绿篱布置的要求。一条机动车道宽度一般为 3～4 米，一条非机动车道的宽度为 1 米，一条人行道的宽度一般为 0.75～1 米。道路两侧的人行道、绿化一般高于或与机动车道同高，绿化带占道路总宽度的比例一般为15％～30％。为保证排水要求，道路横向一般有 1％～2％ 的排水坡度。

（2）居住区级道路的宽度应保证机动车、非机动车及行人的通行，同时提供足够的空间供地上、地下管线的铺设，并有一定的宽度供种植行道树、草坪、花卉等各类绿化。按构成部分的合理尺度，居住区级道路红线宽度一般为20～30 米。机动车道与非机动车道一般情况下采用混行方式，车行道宽度不小于 9 米。如需通行公共交通时，应增至 10～14 米，人行道宽度为 2～4 米不等。

（3）小区级道路的宽度应保证小轿车、非机动车、行人及小区内市政管线的铺设要求。非采暖区六种管线（给水、雨水、污水、电力、电信、燃气）建筑控制线间距的最小限值为 10 米。在采暖区，由于暖气沟的埋设要求，建筑控制线的最小宽度为 14 米。车行道宽度要满足两辆机动车错车的要求，一般情况下为 6～9 米，人行道宽 1.5～2 米。

（4）组团级道路的宽度。一般人车混行，路面宽度为 3～5 米，为满足地下管线的铺设要求，其两侧建筑控制线宽度非采暖区不小于 8 米，采暖区则不小于 10 米。

（5）宅间小路的宽度要考虑机动车辆低速缓行的最小通行宽度要求，以及行人步行的舒适性，一般为 2.5～3 米。

3. 居住区道路线型

（1）道路线型种类和影响因素。在村庄住宅区内的道路要尽量做到顺而不穿，通而不畅，可设计道路线型，使驶入的车辆能降低速度，达到安全和安静的目的。

道路线型主要是指居住区内车行道路的形状。道路线型因用地条件、地形地貌、使用功能、居住区功能与结构和技术需要而不同，有直线型、曲线形、折线形等多种线形。曲线长度和直线长度均不能太短，以利于车辆顺利通过。

对线形起控制作用的部位有居住区车行出入口、道路的交叉点、转弯点、尽端等处。

（2）转弯半径和缘石半径。在道路转折、居住区出入口及居住区内道路交叉口等处，为保证具有一定速度的车辆能安全、平稳地通过，必须用曲线连接，一般采用圆曲线。

转弯半径是指连接道路转折线的圆曲线半径。

缘石半径是指连接道路交叉口的曲线半径。

（3）设计车速与半径的关系。居住区级道路相当于城市次干路或城市支路，设计行车速度 30～40 千米/小时，小区级、组团级道路设计行车速度为 20～30 千米/小时。

交叉口右转弯车辆设计行车速度按路段设计行车速度的 50％计，见表 6-5 和表 6-6。

表 6-5　车速与转弯半径的关系

设计行车速度（千米/小时）	40	30	20
最小半径（米）	70	40	20
最小长度（米）	35	25	20

表 6-6　车速与路缘石半径的关系

交叉口右转弯车辆设计行车速度（千米/小时）	20	10～15
路缘石最小转弯半径（米）	10～15	5～10

居住区尽端式道路的长度不宜大于 120 米，同时为方便车辆进退、转弯或掉头，应在道路的末端设置回车场。回车场面积不小于 12 米×12 米。

（4）道路坡度。道路坡度是指道路单位长度上升或下降的高度，用％表示。

为确保居住区内的行车安全与舒适，道路纵坡宜缓顺，起伏不宜频繁。

为保证排水的需要，道路的纵坡一般为0.3%～4%，道路横坡为1.2%～2%。

道路交叉口高程确定原则：主要道路要低于次要道路，次要道路要低于房屋地面，整个路面不积水，土方工程量为最小。

4. 村庄居住区道路绿化

村庄居住区道路绿化有为行人遮阴、保护路基、美化街景、防尘隔音等功能。布置方式有树池式和带式两种。

（1）树池式。通常用于人行道较窄或行人较多的街道上，种植的行道树可布置在人行道中部或边缘，但不得影响车辆、行人通行及路侧建筑的使用，常见的形状有方形或圆形。

（2）带式。是在人行道和车行道之间留出一条绿化带，可种植灌木、草皮、花卉，也可种植乔木形成林荫。

5. 人行梯道

当居住区用地自然坡度或道路坡度大于8%时，村庄地面道路连接形式宜选用台阶式，台阶之间用挡土墙或护坡连接，并在梯道一侧附设坡道供非机动车上下推行，梯道最小宽度应能保证两人行进，一般不低于1.5～2.0米。

坡道坡度比小于15/34，长梯道每12～18级应考虑设置平台，以供行人歇息。

6. 人性的多样化道路设计

小汽车进入居住区是社会发展不可逆转的趋势，必须充分考虑到将居住区内部小汽车的不利影响降至最低，保持居住区安宁，保障居民安全。

居住区道路宜通过具体线形设计或设置中间岛、凸起、阻塞等达到降低车行噪音和速度，保障居民安全的目的。

如在两条主要道路交叉口中间设置绿化等隔离障碍，以达到交叉路口更加安全，并减少交通流线冲突点的作用。

四、村庄绿化规划

（一）新农村建设对村庄绿化的要求

高质量、适合农村实际的村庄绿化对改善农村居民的生产生活环境、提高农村居民的生活质量、促进农民增收和全面提升新农村建设水平具有重要意义。为此，应加强村庄绿化的规划设计，做到规划先行、科学绿化，努力提高村庄绿化水平，以适应新时期新农村建设的需要。

村庄绿化不但可以净化空气，调整温湿度，美化人居环境，改善村庄面貌，而且还有一定的经济价值。因此，要着力搞好村庄绿化。

1. 绿化原则

充分利用现状自然条件，尽量在劣地、坡地、洼地进行绿化，以栽树为主；树木品种配置宜选用具有地方特色、易生长、抗病害、生态效果好、有经济收入的品种。

（1）山区村绿化。山区村要充分利用地形起伏的条件，依山就势布置造绿，形成多层次的绿化空间，力求自然。村庄周围原有山地森林的自然景观要严格加以保护，在规划时要充分利用好山地森林这一背景。

（2）平原村绿化。平原村要与广阔的田野这一基本地形特征结合起来，因地制宜，体现特色。在布局上以规则式为主，采用网状、环状、放射状、散点状、大块集中等多种绿地布局方式。绿化类型选择要多样化，不仅要设计公共绿地、庭院绿地、生产绿地、道路绿化，而且要对河渠堤绿化、农田林网等进行配置，形成以村庄建成区绿地系统为基础，道路绿化、农田林网为辐射的村庄森林植被生态系统。

（3）古建筑村绿化。古建筑是古人留给后人的历史文化遗产，其村庄绿化必须贯彻"严格保护"的方针，因地制宜，见缝插绿，做到景观与古建筑相协调，人文与自然相统一。树种选择要因建筑而异，宜乔则乔，宜灌则灌，宜藤则藤，切忌选树不当而破坏整个古建筑村落的自然景观。绿化布局要着眼于锦上添花、相得益彰的理念，着重对庭院绿化、村旁公共绿地、村域农田林网进行规划，形成以自然村内不规则绿化为点缀，村外围树林、公共绿地和农田绿网为衬托的村庄植被生态系统。

2. 面积要求

村庄规划区范围内要保证绿化覆盖率达30％以上。

3. 质量要求

古树名木要保护；新栽树要保证栽一棵活一棵；尽量栽有经济价值的树；宜栽树的地栽树，不宜栽树的地方种草种花，树、草、花要搭配，以提高绿化美化质量。

4. 庭院要求

农户房前屋后、庭院内都要栽树、种草、种花，最好栽有经济效益的树，如果树等，既能改善庭院环境，又能增加收益。

5. 管理要求

所栽的公用绿地的树要落实责任制，分区包干，确保成活率；成活的树禁止乱砍滥伐及遭到破坏；绿地建设重点在村口与公共中心及沿主干道路布置，并进行保护。

（二）村庄绿化规划原则

1. 适地适树，科学规划

在编制村庄规划时，要对道路、居住区等各种绿地类型进行总体布局，把村域范围内中心村庄、居民点、主干道绿化作为重点，并将村域范围内的水、田、林、路绿化，房前屋后绿化，公共休闲场所绿化纳入范围，根据各地的地域特点，选择合适的品种，适地适树，科学规划设计。

2. 生态优先，兼顾经济

要以改善村庄生态环境作为规划的第一目标，优先考虑绿化的生态效益，树种选择要以乔木为主，营造村庄森林生态系统。在确保生态目标的同时，要合理配置树种，创造景观效益，把生态园林理念融入到村庄绿化规划中，发挥绿化的美化作用；要充分利用房前屋后隙地规划，发展小果园、小花园、小药园、小竹园、小桑园等，发挥绿化的经济效益。

3. 因地制宜，突出特色

规划要与当地的地形地貌、山川河流、人文景观相协调，针对不同村庄相异的气候、地形、建筑特点，采用多样化的绿地布局，不能千村同面；对路旁、宅旁、水旁和高地、凹地、平地等采取灵活多样的绿化形式，不能千篇一律。规划要自觉保护、发掘、继承和发展各地村庄的特色，充分展示乡村风光。

4. 合理布局，节约用地

村庄绿化布局应结合地形，根据现有绿化分布，尽可能利用不适宜建筑住宅和道路交通的较复杂、破碎的地段和山冈、河流，巧于布置，见缝插绿，合理布局，以节约用地，形成布局均衡、富有层次的绿地系统。

5. 保护为先，改建结合

在村庄绿化的规划和实施过程中，要注重改造与新建相结合，充分利用原有绿地，严格保护好风景林、古树名木、围村林、村边森林等原有绿化；在基础设施建设时，要做到绿化与建筑施工同步，避免绿化滞后的被动局面。

（三）村庄绿地类型和形态

1. 绿地类型

村庄绿化的绿地类型，一般参照城市绿地的分类方法。根据绿地的主要功能分类，绿地类型有：

（1）公共绿地。指向公众开放、以游憩为主要功能的绿地。在村庄绿化中，主要是指村庄建成区内为全村居民服务的小公园、小游园绿地、休闲绿地、广场绿地等。

（2）防护绿地。指具有安全、卫生和防护功能的绿地。村庄绿化中主要指建成区范围的防风林、水源保护的河渠堤绿地、铁路和公路的防护林带、畜禽养殖业的卫生隔离带等。

（3）附属绿地。是在村庄绿化中的庭院绿地、工业绿地（工厂内的绿地）、街道绿地等。

（4）其他绿地。指除以上绿地类型外，在村庄建成区内对环境改善和居民生产生活有直接影响的其他绿地。包括风景林地、生产果品的经济林、提供苗木、花草、种子的苗圃、花圃、草圃等圃地等。

2. 绿地形态

（1）点状。指小面积绿地，一般指零星地段小面积绿地，面积0.5～1公顷，小者约 100 米^2。

（2）块状。指具有一定规模的花园和公园等，一般指居住区的中央绿地，面积约 1～5 公顷的花园与小游园或面积更大的大块公共绿地。

（3）线状。指道路上的行道树、分车道绿化，宽度为 1～3 米，随道路呈线状延伸；沿河边、溪边及工业区的隔离带绿地，宽度为 10～20 米，常称为带状公园。

（四）村庄绿化系统的布局形式

1. 块状均匀布局

大块绿地均衡分布在村庄的各区。大块绿地的内容丰富，可供较长时间的休息游览，每一个公园都有一定的服务范围。

2. 散点状均匀布局

大量的小块绿地分布于村庄中，每处投资少，可简可繁，水平和标准有低有高。人们可就近方便地到达绿地休息。随处可见不同样式、不同风格的小游园，使村庄更丰富多彩。

3. 块状和散点状相结合

大块公园绿地结合小块散点绿地，均衡地布置在村庄中，是一种较理想的布置形式。人们既有居住地附近的花园，又有随处可见的小花园广场，供就近休息小憩，特别是对老人和小孩更是非常理想的户外活动场所。此外，又有较大的公园，可提供丰富的文化活动和休息场所。

4. 网状布局

沿村庄中的河、溪，不同功能分区的隔离带，道路绿化带，组成带状绿地，在村庄中均匀分布呈网状，构成连续的网状绿化系统。

这种布局在村庄中形成较完整的绿化系统，是一种很理想的布局方式。

5. 环状布局

沿村庄四周建成环城绿地，形成优美的村庄周围环境。

这种布置方式很适合于较小的村庄，人们都能就近到达绿地。并且，绿地呈连续的环状，成为一条无限延长的运动、散步的绿带。当村庄继续发展时，应当引导村庄向外放射，呈放射双环状绿化系统，有规律地发展。

6. 放射状绿化系统

绿地以放射状从中心向外放射，和村庄边缘的绿地、自然环境相联系，利用绿化可将村庄划分为若干功能不同的区域，减少相互之间的干扰和污染。

■ （五）村庄绿化规划内容

1. 公共绿地规划

村庄中的公共绿地以为广大村民提供休闲游玩场所为主要目标，要充分体现以人为本的建设原则。在功能上，以儿童游戏、青少年文化娱乐、老年休憩为主。

乡土树和引进树种相结合，以乡土树为主，可以适当引进外地观赏植物，丰富植物种类，提高景观水平。常绿树与落叶树相结合，可使村庄四季如春，绿色常驻，并使村庄的景观随着季节的变化而变化。可选择一些具有季节性特色的植物，使广场一年四季各有特色，再配合一些喷泉等小品建筑，形成村庄的休息活动中心。园林建设应以植物造景为主，绿地率大于70％。村庄中建设多个公园时，应尽量均匀分布。

2. 防护绿地规划

（1）防风林规划。防风林带的结构有透风林、半透风林和不透风林三种。

- **透风林**　是由林叶稀疏的乔灌木组成，或者用乔木不用灌木。
- **半透风林**　是在林带两侧种植灌木。
- **不透风林**　是常绿乔木、落叶乔木和灌木相结合组成，防护效果好，能降低风速70％左右，但是气流越过林带会产生涡流，而且很快恢复原来的风速。

防风林的规划设计要了解主导风向的规律和常年的盛行风向，根据该地区的风向玫瑰图来布置防风林的位置。防风林应设在被防护的上风方向，并与主风向垂直。

防风林一般由几个防护林带组成，每个防护林带由不少于 10 米的主林带和与主林带垂直的副林带组成，宽度不小于 5 米。

防风林的树种选择：选用深根性的或侧根发达的乡土树种为宜，并且应是展叶早的落叶树种或常绿树种。

防护林的设计应该因地制宜，结合地形、环境和实际情况，建成市郊公园、果园，或与农田防护林结合，达到一块绿地，多种用途。

（2）卫生防护林规划。在工业区、饲养区与居住区之间营造卫生防护林带，这对净化村庄空气、保护环境卫生、改善居民生活环境都是很重要的。

在树种选择上应尽量选择对有害物质抗性强或能吸收有害物质的乡土树种。

在污染源或噪声大的一面，应布置半透风式林带，以利于有害物质缓慢地透过树林被过滤吸收，在另一面布置不透风式林带，以利于阻滞有害物质，使其不向外扩散。

饲养区的畜禽类有臭气，周围应设置绿化隔离带，特别是在主风向上侧宜设置不透风的林带 1～3 条；树种选择常绿树 60％以上，适当搭配一部分香花树种，但切忌栽种有毒的植物，避免牲畜、禽类食后中毒。

卫生防护带附近在污染范围内，不宜种植蔬菜、瓜果等食物，以免引起食物慢性中毒。

（3）河、渠、堤绿化规划。河、渠、堤绿化应根据绿化地段的水位高低、水质情况选择陆生、湿生、水生的植物。植物的配置模式与农田林网的模式相同，为提高生态和景观效果，村庄建成区河、渠、堤提倡采用乔灌草组合式的绿化，建成区外河、渠、堤绿化多以乔木为主，水位较低的西部岗岭地区河渠坡面上栽 1～2 行耐涝的柳、杨等，既可起到防风固沙的作用，又可增加一定的经济效益。

（4）农田林网绿地规划。农田林网应以自然走向的路、河、渠两侧绿化为骨架，在此基础上，根据网格面积的要求，考虑是否新营造林带。新造林带应与主要害风方向垂直。主林带应在两行以上，副林带可根据用地情况确定，尽量多行。用作果园、种植园的防护林，应采用紧密结构，一般林带可采用疏透或通风结构。

农田林网的树种应选择树体高大、树干通直、分枝少、适应性强的树木，树种要多样化，一个村庄内同一个主栽树木品种数量一般不超过 50％。树种

143

配置的模式主要有：

- **单一乔木型**　林带以单一的抗风力强的乔木构成。
- **多乔混交型**　林带以抗风能力强的乔木为骨干树种，再配以其他树种。可有针阔混交、常绿与阔叶混交等多种形式。
- **乔灌草组合型**　该型即乔、灌、草之间有机结合，组成复合林带。该类型中最理想的是乔灌草复合型，上层以常绿树种与落叶或针树种形成混交林，中层点缀观赏灌木，下层种植具观赏、改土功能的草本植物，形成多功能复层防护林群落。

3. 附属绿地规划

（1）庭院绿地规划。庭院绿地是附属绿地中的一类。庭院绿地的范围主要是房前、屋后、宅旁。庭院绿化可分为以下几种模式：

- **花卉型**　适宜于面积特别狭小的庭院，以栽种花卉为主，间种几株乔木，花卉可选取高、中、矮种类搭配。
- **林木型**　适合绿化用地面积较大的庭院。选择的树种应主要考虑景观生态效益，兼顾经济效益。此类型以选择高大乔木为主，灌木为辅。
- **果树型**　适合绿化用地面积较大的庭院，还可结合绿化栽植果树，以获得一定的经济效益，既可是多种果树混种的混杂型，又可采用单种一种果树的单一型。

以上是庭院绿化的基本模式，在绿化过程中，可对上述基本模式进行组合，形成新的混合模式。

（2）街道绿化规划。街道绿化是街景的重要组成部分，必须与街道建筑相协调。

①配置模式。根据道路的宽度以及村庄的经济条件，街道绿化可采用以下三种模式：

- **一板二带型**　该类型是最基本的道路绿化模式，适合宽度较小的道路。在一条车行道的两侧栽植行道树，每侧可栽一行或两行，为节约用地，栽植两行时，建议采用"品"字形布置。
- **二板三带型**　即在道路中间栽植中间分车绿带，在两侧分别栽植两行行道树。
- **三板四带型**　适合于设非机动车道的道路，在机动车道与两侧非机动车道设置两侧分车绿地，在道路外缘设行道树。

②树种选择。街道绿地的树种配置应以乔灌为主，乔灌草结合形成复层绿化，以求更完美的生态功能。行道树应选择生长快、寿命长、耐瘠薄、抗污性强、病虫害少的树种，如落羽杉、榉树等；行道树的栽植方式应根据街道的不同宽度、方向、性质而定。为了避免污染，应尽量避免选用落花、落果、飞絮的树种，如杨树等。在宽阔的道路上可选用树干挺拔、冠大的树种。在较窄的道路则应选用冠小的树种。在高压线下选用干矮、树枝展开的树种，如国槐、黄金柳等。在交叉口和道路转变处，10米以上的空隙内不宜种植乔木或高度超过0.7米的灌木。常见的街道绿化树种有：华山松、油松、银杏、樟树、槐树、柳树等。

（3）居住区绿地规划。居住区绿化是衡量居住区环境是否舒适、美观的重要指标。宅旁绿地是利用两排住宅之间的空地进行绿化，和居住日常生活直接相关，居民直接受益，所以绿化效果比较好。

绿化植物配置要注意通风、采光、防尘等因素，一般朝南房间离落叶乔木有5米间距；房屋朝北部分选择抗风耐阴的树种，如夹竹桃、柏树等，距离外墙至少3米；东西房可考虑行植或散植乔木，也可以种植攀缘植物，如爬山虎等，解决西晒问题。

植物配置达到春色早到、夏可纳凉、秋能挡风、冬不萧条的目的。因此乔灌木的比例为2∶1、常绿树与落叶树比例为3∶7为宜。

（4）工业绿地规划。工业绿地建设既要满足生态功能，又要注重景观效果，创造美丽的工作环境。

在生态功能方面应根据厂区的不同性质，对绿化有不同的要求：有害气体较多的工厂内外的树木种植应以疏为主，或用矮灌木、草坪等进行绿化，以利于有害气体迅速扩散和稀释。在容易发生火灾的工厂内，为满足安全和消防要求，宜选择有防火作用的乔灌木，避免选用含油脂和易燃树木。噪声较大的工厂周围宜选用树冠矮、分枝低、树叶茂密的灌木与乔木，形成疏松的树群或数行狭窄的林带，以减少噪声的强度。对防尘要求比较高的工厂，要发挥绿化减少灰尘的优势，选择枝叶稠密、叶面粗糙、生长健壮、吸尘能力强的树种。

4. 生产绿地规划

生产绿地要根据各种圃地建设要求和苗木需求进行建设，做好规划，保证整齐美观。

5. 山体绿化

山体绿化要以培育常绿阔叶林为目标。在树种选择上，以适应性强的乡土树种为主。适应性强的乡土树种最适应当地的自然条件，具有抗性强、耐旱、抗病等特点，为本地群众喜闻乐见，也能体现地方风格。

在营林措施选择上，要根据山体的实际情况确定。郁闭度在0.2以下的，要进行重新造林或封山育林；郁闭度在0.2～0.5的，要进行补植或封育改造，使山体森林的郁闭度达到0.6以上。

6. 公共绿地管理

加强对公共绿地的维护与管理，爱护公共绿地内的花草、树木，严禁践踏绿地、折枝、爬树、采花，维护公共绿地的卫生，不准吐痰、乱扔瓜果皮核、烟头、纸屑、乱倒污水及其他废弃物进绿地内，严禁让狗或其他牲畜进入公共绿地。杜绝重栽轻管现象的发生，要组织村里老干部、老党员分区包片，划分责任区，对公共绿地进行看护，确保绿化成果。

绿化参考树种见表6-7。

表6-7　绿化参考树种

类别或功能	植物	树　　种
农田林网	乔木	土耳其杨、95杨、895杨、35杨、2025杨、72杨、苏桐3号、落羽杉、黄连木、垂柳、樟树、楝树、槐树、香椿、乌桕、桑树
	灌木	蜡条、紫穗槐、柽柳等
观花植物	乔木 灌木	（1）观赏桃：俗称碧桃，如绯桃、红花碧桃、绛桃、千瓣白桃、紫叶桃、寿星桃等 （2）梅：红花类如官粉、小粉红、别脚晚水、红顶朱砂、朱砂台阁、红梅、寒红梅、杏梅等。白花类如玉碟梅、绿萼梅、小绿萼梅等 （3）杏：早春先叶，花粉红色 （4）海棠类：垂丝海棠、西府海棠、裂叶海棠、海棠花 （5）玉兰：二乔玉兰、紫玉兰 （6）紫丁香、白丁香、玫瑰、月季 （7）喷雪花、麻叶绣线菊、华北珍珠梅、日本绣线菊 （8）结香、紫薇、木槿、石榴、紫荆、巨紫荆 （9）栾树、复羽叶栾树
花果共赏树种	乔木	栾树、全缘叶栾树、四照花、石楠等
	灌木	小檗、琼花、珊瑚树、蝴蝶荚蒾、山茱萸、火棘等
观果植物	灌木	冬青、大叶冬青、枸骨、南天竹、野鸭春
观干树种	灌木	红瑞木、金丝垂柳
垂直绿化	灌木	木香、野蔷薇、凌霄花、金银花、扶芳藤、爬山虎、紫薇、五叶木通
色叶树种	乔木	落羽杉、黄连木、三角枫、枫香、榉树、鸡爪槭、红枫、黄栌、元宝枫、北美红栎、柳叶栎、银杏、乌桕、柿树、卫矛、复羽叶栾树、洒金桃叶珊瑚、红叶石楠

（续）

类别或功能	植物	树　　　种
药用植物	灌木 草本	山茱萸、枸杞、地黄、车前草、野菊花等
山体绿化	乔木	杉木、马尾松、湿地松、赤松、黑松、侧柏、柏木、银杏、日本扁柏、意杨、垂柳、泡桐、麻栎、栓皮栎、樟树、楝树、刺槐、喜树、枫杨、枫香、紫穗槐、合欢、杨梅、乌桕、枣树、桑树、毛竹等
	灌木	杜鹃类、夹竹桃、胡枝子、野山楂、火棘、珊瑚树等
观赏竹类	灌木	金镶玉竹、人面竹、紫竹、孝顺竹、斑若竹、小叶竹、黄皮刚竹、青竹、辣韭竹等
抗污性强的植物	乔木	水杉、池杉、落羽杉、黑松、银杏、桧柏、侧柏、臭椿、珊瑚树、紫薇、女贞、石榴、枫香、桂花、广玉兰、合欢、棕榈、胡颓子、榕树、刺槐、相思树、枫香、樟树、夹竹桃、棕榈等
耐水湿植物	乔木	柳杉、圆柏、香樟、木麻黄、冬青、棕榈、重阳木、池杉、落羽杉、水杉、侧柏、垂柳、杨树、河柳、臭椿、乌桕、白榆、榉树、枫杨、悬铃木、朴树、槐树、喜树、西府海棠、红叶李等
草本植物	草本	酢浆草、麦冬、三叶草、葱兰、矢车菊、马尼拉、天堂149、黑发草、萱草等

【能力转化】

● 简答题

1. 调查你所在村庄的住宅建筑类型和总体平面布局，分析其合理性。

2. 调查你所熟悉的村庄的道路的线型、道路绿化、道路等级等情况。

3. 调查村庄绿化树种，填入表6-8中。

表6-8　村庄绿化树种调研

调研村庄	项目	树种	改进建议

项目三　村庄防灾减灾规划

在新农村建设中应该将"防灾型社区"建设融入乡村建设规划，合理安排农村各项建设布局，与村庄建设同步规划、同步进行、同步发展，既保持农村良好的生态环境，避免对自然环境的人为破坏，减轻各类灾害对农村正常经济和社会生活的影响，又从根本上逐步改善农村防灾减灾基础设施条件，提高防灾减灾能力。在防灾减灾的规划中，必须严格按照消防、防洪、抗震防灾、防风、防疫和防地质灾害的要求进行统一部署。

一、消防规划

（一）消防规划原则

村庄消防规划主要包括消防给水、消防通道、消防通信、消防装备等公共消防设施，并应符合国家现行的《建筑设计防火规范》的有关规定，依据《中华人民共和国消防法》和《城市消防规划建设管理规定》编制规划，以"预防为主、防消结合、远近调控"为方针，加强消防设施、无线通信设施建设，提高预警、消防能力。

（二）消防规划目标

建设预警、消防、调控为一体，满足消防需求的消防系统。

（三）消防站

消防站的设置应根据村庄规模、区域位置、发展状况及火灾危险程度等因素确定。

镇和中心村要按照当地城（集）镇总体规划的要求，尽快设置并配备相应的设施或设置位于乡镇居民点密集地周边的义务消防队。

一般基层村要建立群众义务消防队或由志愿人员轮流执勤的志愿消防队，同时依据农村火灾特点，建立各类地方专职、农村企业自办及村办等多种形式的消防队伍；配置手抬机动泵、水带和水枪等灭火设施，及时扑救初起火灾。为保证消防车快速到达火灾现场，要保证县域消防通道（公路）的畅通。

在现有防护林区设定森林防火监护点，对森林的火情灾情进行及时的通报和控制。

（四）村庄消防规划内容

1. 村庄消防安全布局

（1）居住区用地宜选择在生产区常年主导风向的上风或侧风向，生产区用地宜选择在村镇的一侧或边缘。

（2）打谷场和易燃、可燃材料堆场，不得布置在高压线下，宜布置在村庄的边缘并靠近水源的地方。打谷场的面积不宜大于 2 000 米^2，打谷场之间及其与建筑物的防火间距，不应小于 25 米。堆量较大的柴草、饲料等可燃物场地宜设置在村庄常年主导风向下风侧或全年最小频率风向的上风侧，堆垛不宜过高过大，应保持一定的安全距离。

（3）林区的村庄及企、事业单位和独立设置的建筑物，与林区边缘间的消防安全距离不得小于 300 米。

（4）农贸市场不宜布置在影剧院、学校、医院、幼儿园等场所的主要出入口处和影响消防车通行的地段，并与化学危险品生产建筑的防火间距不小于 50 米。

（5）汽车、大型拖拉机车库宜集中布置，宜单独建在村庄的边缘。

（6）保护性文物建筑应建立完善的消防设施。

2. 消防给水规划

村庄消防给水规划应符合下列要求：

（1）具备给水管网条件的村庄，其管网及消火栓的布置、水量、水压应符合国家现行标准《建筑设计防火规范》有关消防给水的规定，如消防给水管道管径不应小于 100 毫米，必要时，可增加消防加压泵站。

（2）不具备给水管网条件的村庄，应充分利用河、湖、塘、溪等水源。利用天然水源时，应保证枯水期最低水位和冬季消防用水的可靠性。

（3）天然水源或给水管网不能满足消防用水要求时，宜设置消防水池，消防水池的容量应满足消防水量的要求。寒冷地区的消防水池应采取防冻措施。

（4）有条件的村庄，新建道路结合给水管线设置消火栓，应靠近十字路口，其间距应不大于 120 米。消火栓与房屋外墙的距离不宜小于 5 米，有困难时可适当减少，但不应小于 1.5 米。

3. 消防通道规划

（1）消防车道。村庄内的消防车道要尽可能利用交通道路。消防通道上禁止设立影响消防车通行的隔离桩、栏杆等障碍物；路面宽度不得小于 4 米，转弯半径不得小于 8 米；穿越门洞、管架、栈桥等障碍物时，净宽×净高不得小于 4 米×4 米。

（2）需要消防车道的范围。

①穿越建筑物的消防车道。街区内的道路应考虑消防车的通行，当建筑物的沿街部分长度超过150米或总长度超过200米时，均应设置穿越建筑物的消防通道。

②穿越建筑物的门洞。消防车穿越建筑物的门洞时，其净高和净宽均不应小于 4 米，门垛之间的净宽不应小于 3.5 米。

③封闭内院的消防车道。建筑物的封闭内院，如其短边长度超过 24 米时，宜设有进入院内的消防车道。

④消防车道的尺寸。消防车道的宽度不应小于 3.5 米，道路上遇有空架管道、栈桥等障碍物时，其净高不应小于 4 米。

⑤消防车道的回车场。一般而言，消防车道的回车场应设为面积不小于 12 米×12 米的回车场地。

4. 消防通信

（1）建设消防指挥中心，完善现代化的消防通信和指挥系统，达到多功能、多渠道报警处理和消防指挥调度。

（2）各乡镇村要结合新农村建设，制定和完善消防规划，并结合村庄整治和畅通工程等活动，将消防设施建设作为新农村公共基础设施建设的重要内容，同步实施。

（3）要以各乡镇政府所在地、中心村、工业功能区以及农家乐等农村经济集中的区域为重点，突出解决农村地区消防水源不足、消防通道不畅通和无消防队伍的问题，建设消防等部门，并加强指导和监督。

（4）各村民委员会和社区委员会要制定防火公约，在村庄的适当位置设置固定的消防安全宣传牌、宣传栏，易燃易爆区域应设置消防安全警示标志。在火灾多发季节，要通过广播、组织宣传队等多种形式，开展有针对性的消防安全宣传。

二、防洪规划

（一）村庄防洪规划目标

基本消除村庄区域存在的重大安全隐患，初步建立以通信、预警及相关政策法规等非工程措施为主与工程措施相结合的防洪避洪体系。

（二）村庄防洪标准

应经过仔细调查研究、分析计算，并全面考虑工程难易及经济效果，确定防洪标准。如果标准过高，必然要耗费巨大的工程费用；如果标准太低，一旦遭遇洪水灾害，就会造成严重的损失。

防洪标准主要是指洪水重现期和频率，其取值的大小关系到村庄的安全和投资的高低。

人口密集、乡镇村企业较发达或农作物高产的乡村防护区，其防洪标准可适当提高；地广人稀或淹没损失较少的乡村防护区，其防洪标准可适当降低。

（三）村庄防洪规划的要求

1. 综合利用
村庄的防洪规划是村庄建设规划的重要组成部分，应按国家《防洪标准》的有关规定，与当地农田水利建设、水土保持、绿化造林等规划相结合，达到综合利用江、河、湖的目的。

2. 结合地形
充分利用有利地形，如山谷、洼地和原有的湖塘，修筑山塘水库，调节径流，削减洪峰，搞好河、湖水系建设。

3. 因地制宜
村庄防洪规划要从村庄的具体情况出发，采用当地效果良好的工程方案：如位于蓄、滞洪区内的村庄，应根据防洪规划需要修建围埝、安全台、避水台等就地避洪安全设施，其位置应避开分洪口、主洪顶冲和深水区，围埝比设计最高水位高 1～1.5 米，安全台、避水台比设计最高水位高 0.5～1.5 米；在平原地区，当河流贯穿村庄或从一侧通过，村庄地势低于洪水水位时，应修建防洪堤；当河流贯穿村庄，河床较深，易引起洪水对河岸的冲刷，应设挡土墙等护岸工程；村庄上游近距离内有大中型水库时，应提高水库的设计标准；村庄地处盆地、低地，暴雨时易发生内涝，应在村庄外围建防洪堤，并修建泵站排涝，排涝工程应与村庄排水工程统一规划。

4. 远近结合
防洪规划要做到远期和近期相结合，从近期规划出发，兼顾到村庄远期发展规划的需要。

5. 统筹规划

村庄防洪规划和村庄其他工程设施规划如公路、电力电信等工程要协调，统筹兼顾，合理安排。

（四）村庄防洪规划程序

1. 实地踏勘，收集资料，综合研究

2. 确定防洪标准

3. 确定防洪、防泥石流及滑坡的措施

（1）生物防治。可通过植树造林、种草等保护水土不被流移。

（2）工程措施。

①整修河道。规划中将河道加以整治，修筑河堤以束流导引，变河滩为村庄用地，把平坦的河床加深，以增加泄洪能力。

②修筑防洪堤岸。村庄用地范围的标高普遍低于洪水水位时，则应按防洪标准确定标高修筑防洪堤；汛期一般用水泵排出堤内积水，排水泵房和集水池应修建在堤内最低处，堤外侧则结合绿化规划种植防护林，以保护堤岸。

③整治湖塘洼地。应结合村庄总体规划，对一些湖塘洼地加以保留与整治，或深挖用来养鱼，或略加填垫整修用来绿化苗圃，还可以结合排水规划加以连通，以扩大蓄纳容量。

④修建截洪沟。山区的村庄会受到山洪暴发的威胁。可以在村庄用地范围靠山较高一侧，顺应地形修建截洪沟，因势利导，将山洪引至村庄范围外的其他沟河，或引到村庄用地下游方向排入附近河流中。

三、防震规划

（一）村庄防震规划原则

抗震规划的编制要贯彻"预防为主，防、抗、避、救相结合"的方针，结合实际、因地制宜、突出重点。

（二）抗震防灾规划编制的基本目标

当遭受多遇地震时，要求一般功能正常；当遭受相当于抗震设防烈度的地震时，要求日常生活和工作正常进行；当遭受罕遇地震、基本烈度7°地震时，要求要害系统不致受到严重破坏，运行机制不致瘫痪，能够较快恢复正常的生活和生产秩序。

（三）村庄防震规划内容

村庄防震规划主要包括建设用地评估、工程抗震、生命线工程和重要设施规划、防止地震次生灾害以及避震疏散，建立地震时的防灾救灾体系，明确地震时各级组织的职责，提高地震应急响应和救灾能力等。

1. 建设用地评估

处于抗震设防区的村镇进行规划时，应选择对抗震有利的地段规划居住区；对抗震不利地段规划为道路、绿化等对场地要求不高的用地；严禁将抗震危险地段规划为居住建筑和其他人口密集的建设项目，应规划为绿化用地。

当无法避开时，必须采取有效的抗震措施，并应符合国家现行标准《建筑抗震设计规范》（GB 50011—2010）。

2. 工程抗震

重大工程、可能发生严重次生灾害的建设工程必须进行地震安全性评价，并依据评价结果确定抗震设防要求，进行抗震设防。

对于一般建设工程，有条件的地区应当严格按照强制性国家标准《中国地震动参数区划图》（GB 18306—2001）或者地震小区划结果确定的抗震设防要求进行抗震设防。

3. 生命线工程和重要设施规划

生命线工程和重要抗震设施包括交通、通信、供水、供电、能源等生命线工程以及消防、医疗和食品供应等重要设施，这些设施应进行统筹规划，保证灾害来临时指挥系统、要害部门的供水、供电及通信不中断。

这些设施规划除按国家现行的标准进行抗震设防外，还应符合下列规定：道路、供水、供电等工程采用环网布置方式；村庄内人口密集的地段设置不少于4个出入口；抗震防灾指挥机构设置备用电源。

4. 次生灾害规划

对生产和储存具有发生地震次生灾害源，包括产生火灾、爆炸和溢出剧毒、细菌、放射物外泄等次生灾害的单位，应采取下列措施：

对次生灾害严重的，应迁出镇区和村庄；对次生灾害不严重的，应采取防止灾害蔓延的措施；在镇中心区和人口密集活动区，不得有形成次生灾害源的工程。

5. 疏散场地规划

避震疏散场地应根据疏散人口的数量规划，疏散场地应与广场、绿地等综合考虑，并应符合下列规定：

应避开次生灾害严重的地段，并具有明显的标志和良好的交通条件；每一疏散场地不宜小于2 000米^2；人均疏散场地不宜小于3 米^2；疏散人群至疏散场地的距离不宜大于 500 米；主要疏散场地应具备临时供电、供水和卫生条件。

6. 制定地震应急预案

地震应急是防震减灾的四个工作环节之一，包括临震应急和震后应急。

破坏性地震应急预案是政府和社会在破坏性地震即将发生前，采取的紧急防御措施和地震发生后采取的应急抢险救灾行动的计划。制定破坏性地震应急预案和落实预案的各项实施条件是最根本的应急准备。

应急预案应当包括六个方面的内容：应急机构的组成和职责；应急通信保障；抢险救援人员的组织和资金、物资的准备；应急、救助装备的准备；灾害评估准备；应急行动方案。

（四）防震减灾设施规划与措施建议

从村庄规划的角度来看，学校操场、小广场、公园、绿地等均可作为临时避震场所。这些设施除满足其自身基本功能的需要和有关法律规范要求外，在防震减灾方面，在选址和布局上还要注意：

1. 学校布局

学校应设在无污染地段，宜选择阳光充足、空气畅通、场地干燥、排水通畅、地势较高的地段进行规划布置，校内应布置有运动的场地，不得有高压线经过。

2. 小广场的设置

小广场的设置一定要考虑排水顺畅，出入口处设置纵坡小于或等于 2％的缓坡段。

3. 布置一定规模的绿地

一定规模的绿地可供震前的安全疏散避难之用。

4. 抗震要求

切实抓好新建工程的抗震设防，积极推动原有建筑的分类、评估和抗震加固。建立完善的防震减灾工作体系和法规体系。凡未经抗震设防或设防烈度低于现行规范要求的已建工程都要按重要程度、建造年代、结构特点和现有状况进行分类、评估和加固，新建工程要加强监督管理，确保所有工程建筑符合抗震要求。

5. 合理控制建筑密度

总体上住宅建筑密度小于 30％，公共建筑小于 45％。

6. 加强抗震减灾宣传和培训

地震具有突发性强、不确定性高、破坏性大、相互作用多的特点，所以，要动员全社会力量参与，形成合力共同防御地震灾害。开展地震科普知识宣传，使人人懂得抗震救灾和自救的措施；开展防震减灾技术培训，使本地的建筑工匠增强防震意识，在民房建筑中做好防震技术的推广，建造具备抗震设防要求的、能体现当地风俗习惯的民居。

四、防风规划

防风减灾规划有以下要求：

村庄选址时应避开与风向一致的谷口、山口等易形成风灾的地段。

风灾较严重地区要通过适当改造地形、在迎风方向的边缘种植密集型的防风林带或设置挡风墙等对风进行遮挡或疏导风的走向，防止灾害性的风长驱直入。

易形成风灾地区的村庄规划，其建筑物的规划设计除符合有关建筑规定外，还应该符合下列规定：建筑群体布局时要相对紧凑，成组成片布置；避免在村镇外围或空旷地区零星布置住宅；在迎风地段的建筑应力求体形简洁规整，建筑物的长边应与风向平行布置，避免有特别突出的高耸建筑立在低层建筑当中。

易形成风灾地区瓦屋面不得干铺干挂，屋面角部、檐口、电视天线、太阳能设施以及雨基、遮阳板、广告牌等突出部件和设施要进行加固处理。

应充分利用风力资源，因地制宜地利用风能建设能源转换和能源储存设施。

【能力转化】

● 调查活动

1. 调查当地消防通道、消防组织等消防工作情况。
2. 调查当地的消防安全隐患，并提出整改措施。
3. 调查当地可能存在的洪水威胁，并提出有效的防洪措施。
4. 收集围垾、安全台和避水台的图片资料，分析三者的区别。
5. 调查当地对抗震减灾采取的措施。

主要参考文献

丁鸿.2009.农村政策与法规［M］.北京：中国农业出版社.

方亮.2010.新农村文化建设与管理［M］.北京：中国社会出版社.

金兆龙.2005.村镇规划［M］.北京：中国建筑工业出版社.

骆中钊.2008.新农村建设规划与住宅设计［M］.北京：中国电力出版社.

农业部规划组.2006.社会主义新农村建设示范村规划汇编［M］.北京：中国农业出版社.

朴永吉.2010.村庄整治规划编制［M］.北京：中国建筑工业出版社.

汤铭潭,黄昌勇.2010.小城镇市政工程规划［M］.北京：机械工业出版社.

张万方.2008.中国新农村规划建设简明实用教程［M］.北京：中国建筑工业出版社.

图书在版编目（CIP）数据

新农村建设规划/边会军主编 . —北京：中国农业出版社，2017.8（2021.3 重印）
新型职业农民示范培训教材
ISBN 978-7-109-23007-1

Ⅰ. ①新… Ⅱ. ①边… Ⅲ. ①农村－社会主义建设－中国－技术培训－教材 Ⅳ. ①F320.3

中国版本图书馆 CIP 数据核字（2017）第 134043 号

中国农业出版社出版
（北京市朝阳区麦子店街 18 号楼）
（邮政编码 100125）
责任编辑　郭晨茜　诸复祈

北京中兴印刷有限公司印刷　新华书店北京发行所发行
2017 年 8 月第 1 版　2021 年 3 月北京第 3 次印刷

开本：720mm×960mm 1/16　印张：10.5
字数：180 千字
定价：30.50 元
（凡本版图书出现印刷、装订错误，请向出版社发行部调换）